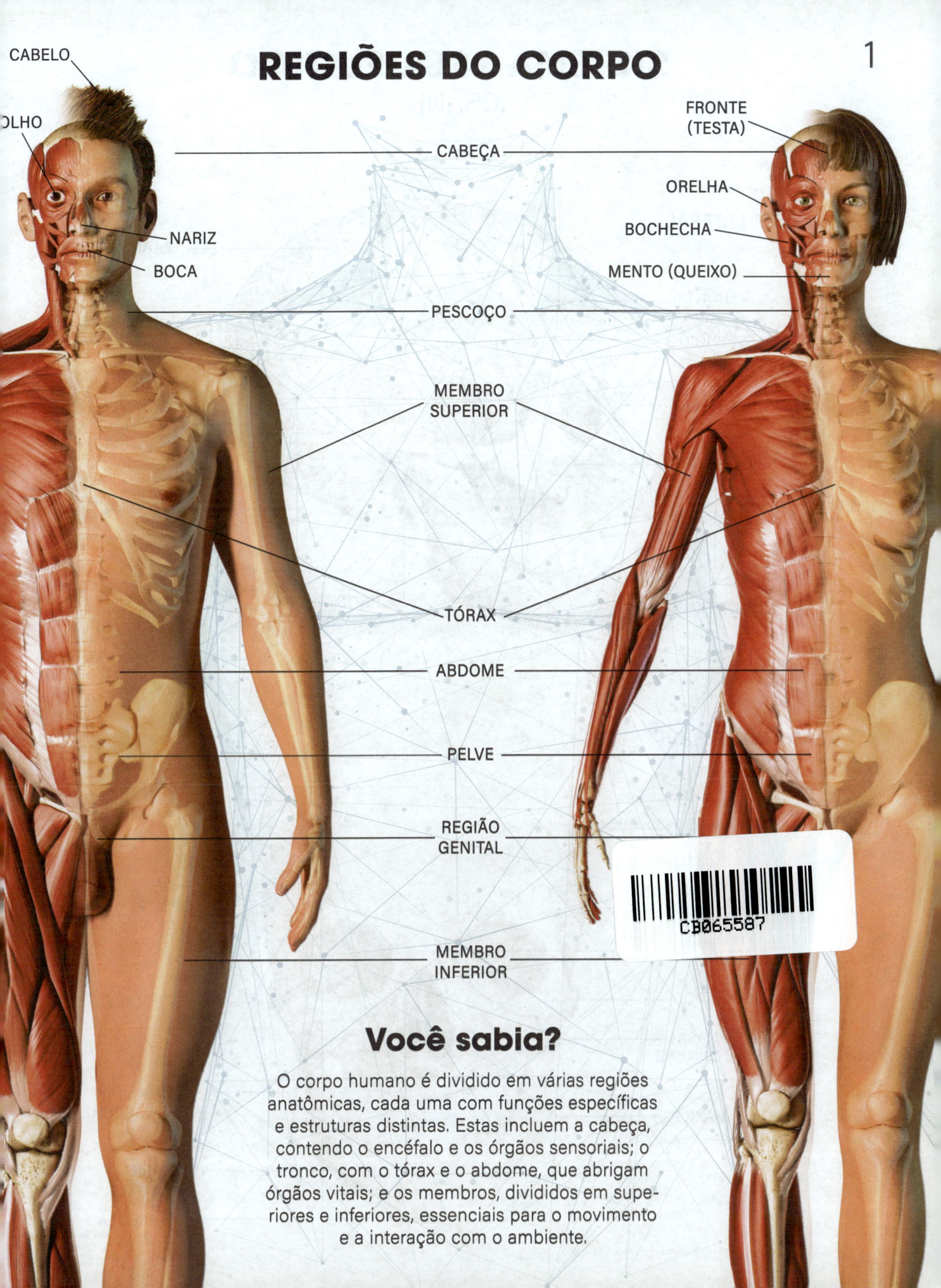

SISTEMA ESQUELÉTICO
CRÂNIO

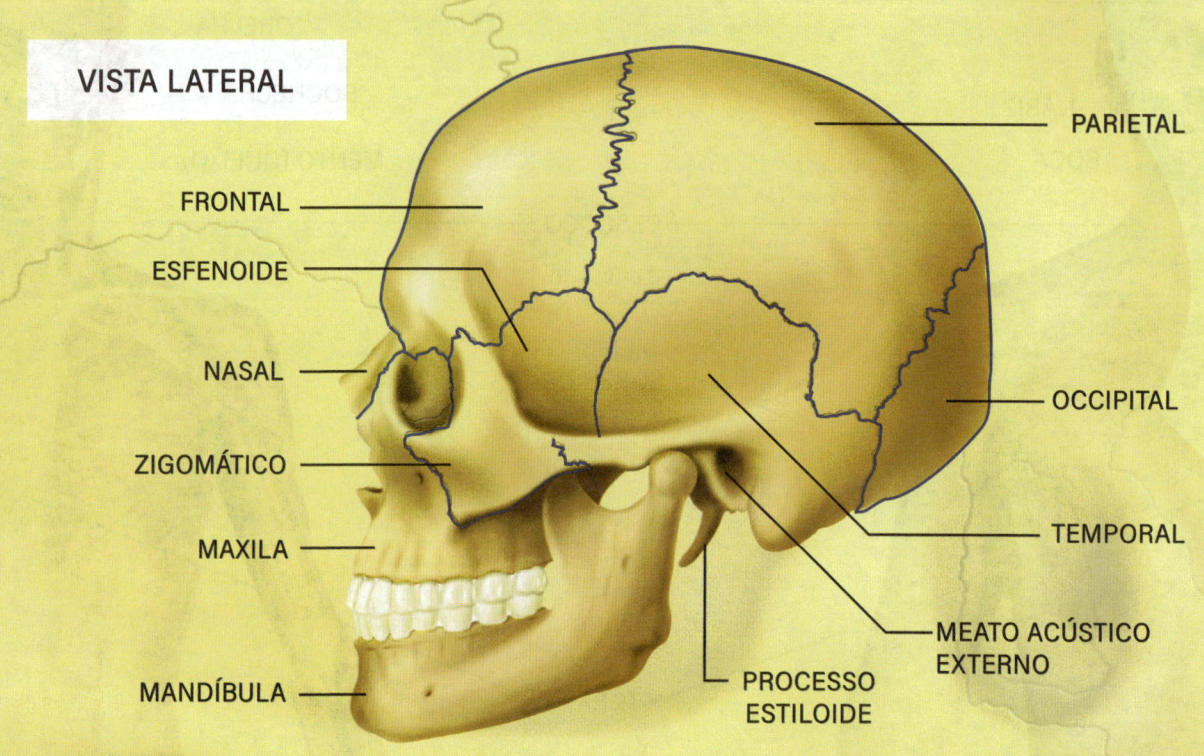

VISTA LATERAL

- FRONTAL
- ESFENOIDE
- NASAL
- ZIGOMÁTICO
- MAXILA
- MANDÍBULA
- PARIETAL
- OCCIPITAL
- TEMPORAL
- MEATO ACÚSTICO EXTERNO
- PROCESSO ESTILOIDE

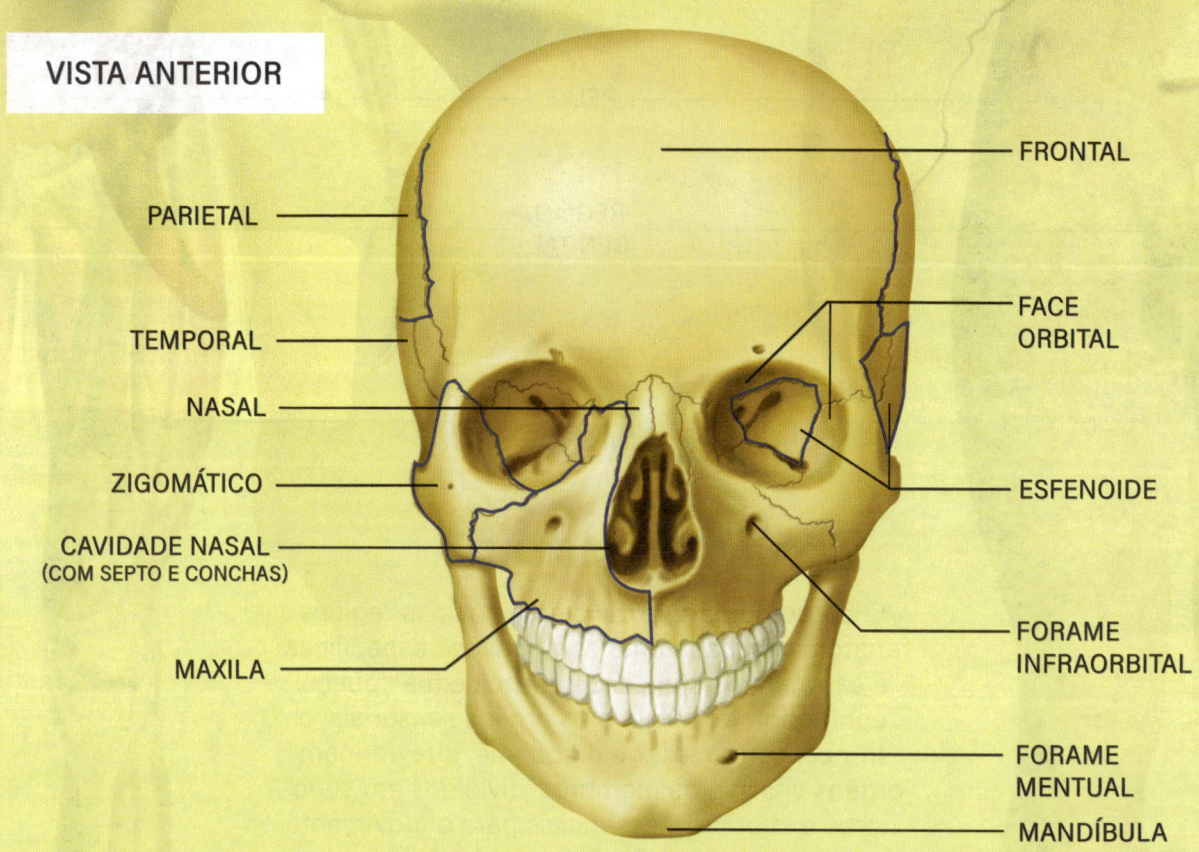

VISTA ANTERIOR

- PARIETAL
- TEMPORAL
- NASAL
- ZIGOMÁTICO
- CAVIDADE NASAL (COM SEPTO E CONCHAS)
- MAXILA
- FRONTAL
- FACE ORBITAL
- ESFENOIDE
- FORAME INFRAORBITAL
- FORAME MENTUAL
- MANDÍBULA

SISTEMA ESQUELÉTICO
COLUNA VERTEBRAL

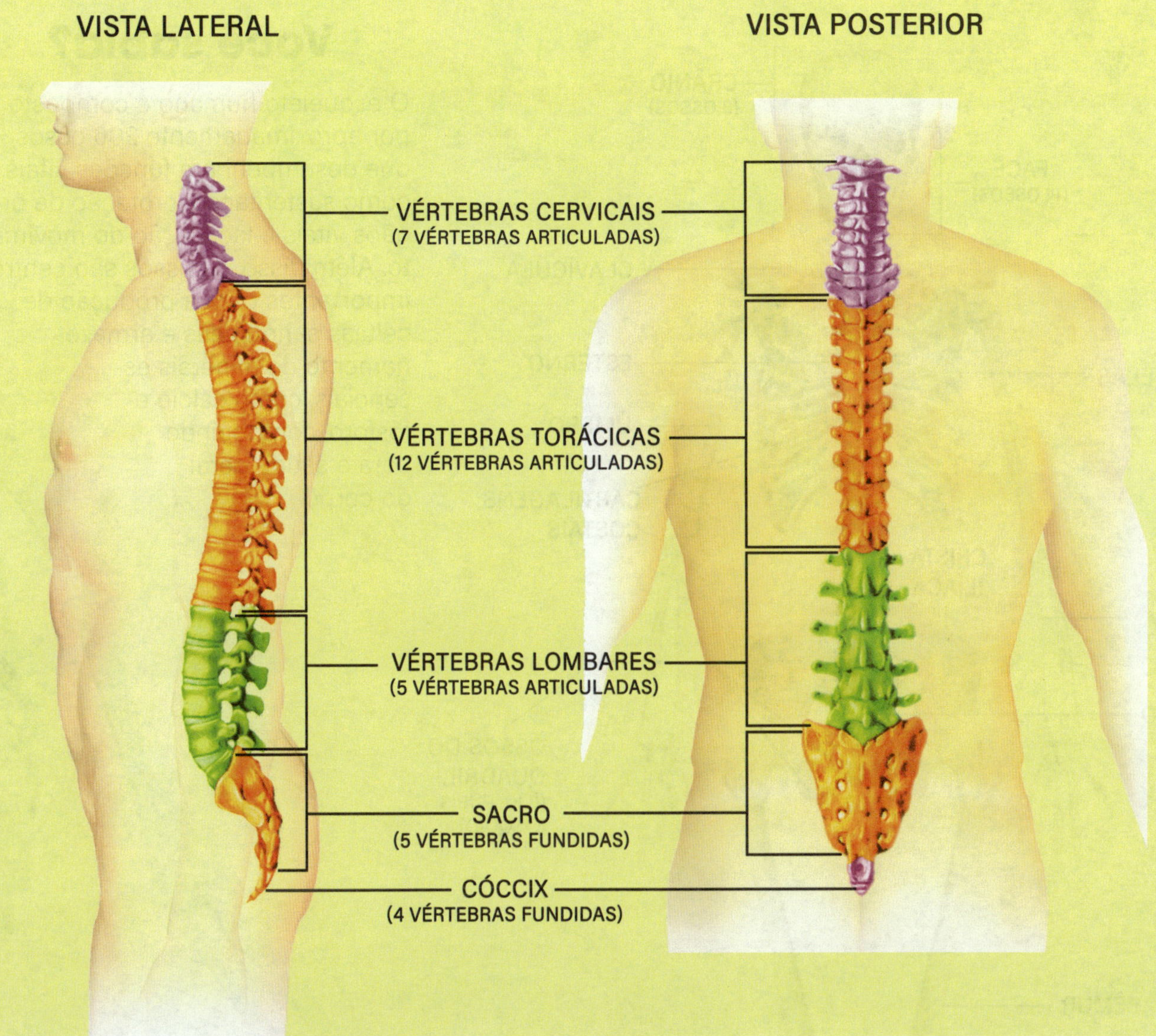

VISTA LATERAL **VISTA POSTERIOR**

- **VÉRTEBRAS CERVICAIS** (7 VÉRTEBRAS ARTICULADAS)
- **VÉRTEBRAS TORÁCICAS** (12 VÉRTEBRAS ARTICULADAS)
- **VÉRTEBRAS LOMBARES** (5 VÉRTEBRAS ARTICULADAS)
- **SACRO** (5 VÉRTEBRAS FUNDIDAS)
- **CÓCCIX** (4 VÉRTEBRAS FUNDIDAS)

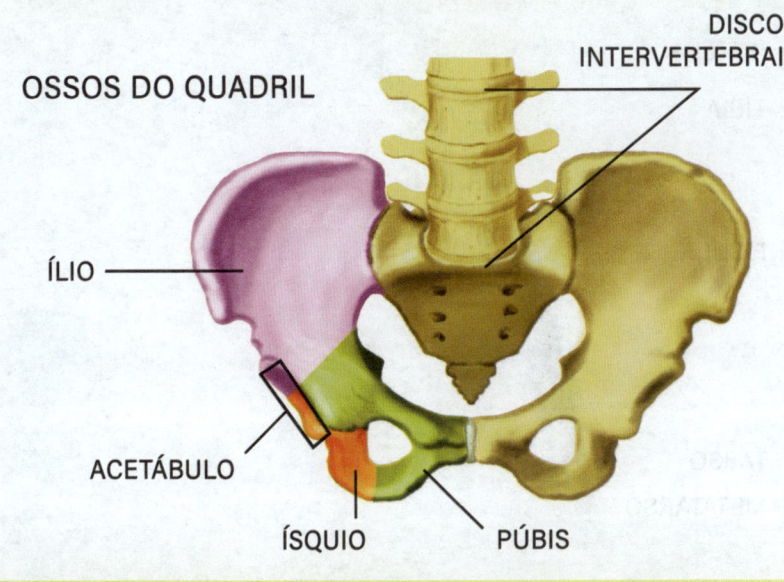

OSSOS DO QUADRIL — DISCOS INTERVERTEBRAIS — ÍLIO — ACETÁBULO — ÍSQUIO — PÚBIS

Você sabia?

Os ossos do quadril humano, formados pela fusão do ílio, ísquio e púbis, são essenciais para a estrutura e a mobilidade do corpo. Eles não só suportam o peso do tronco nas posições sentada e em pé, mas também desempenham um papel crucial na locomoção, permitindo movimentos como caminhar, correr e saltar.

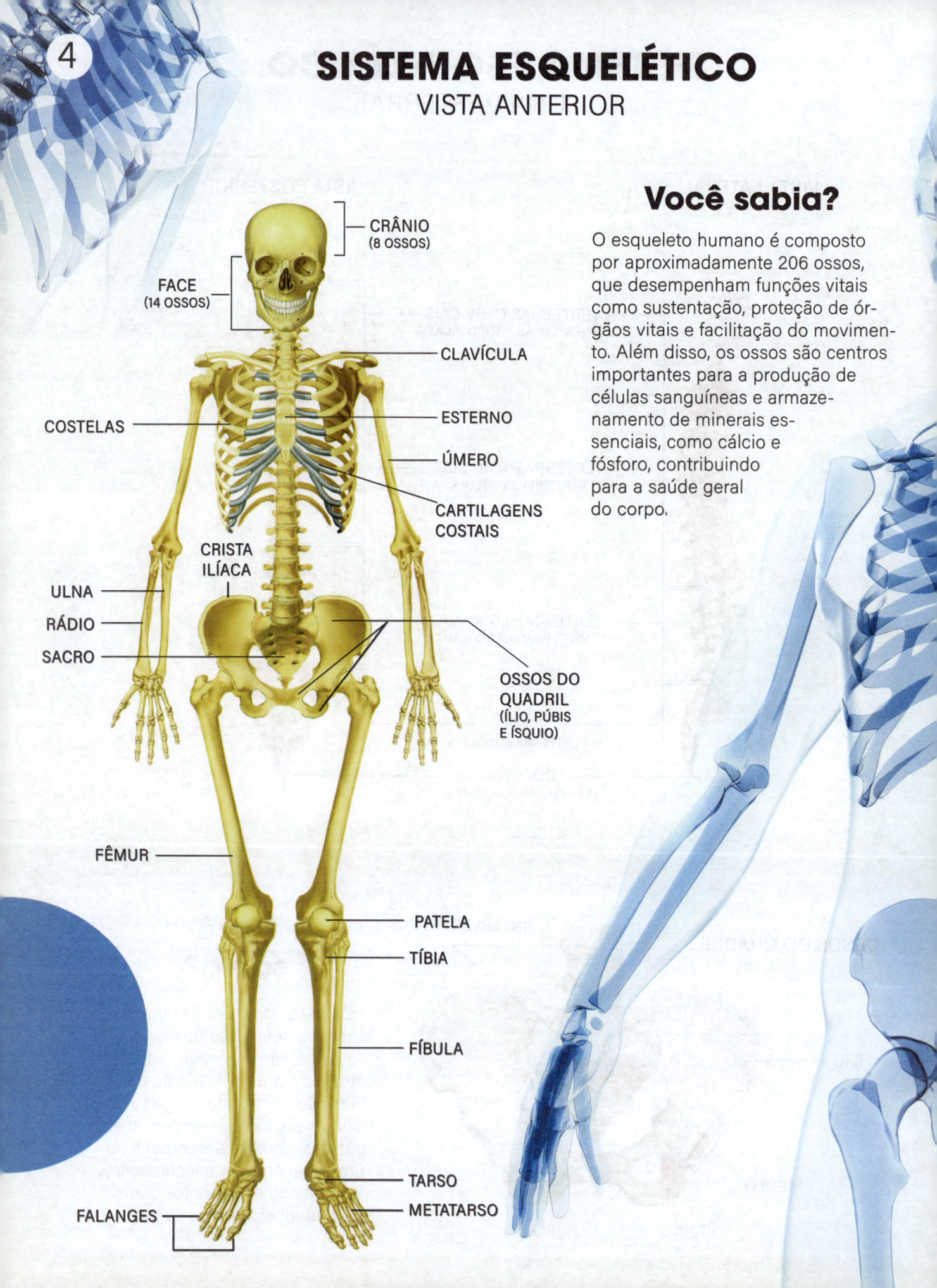

SISTEMA ESQUELÉTICO
MÃO E PÉ

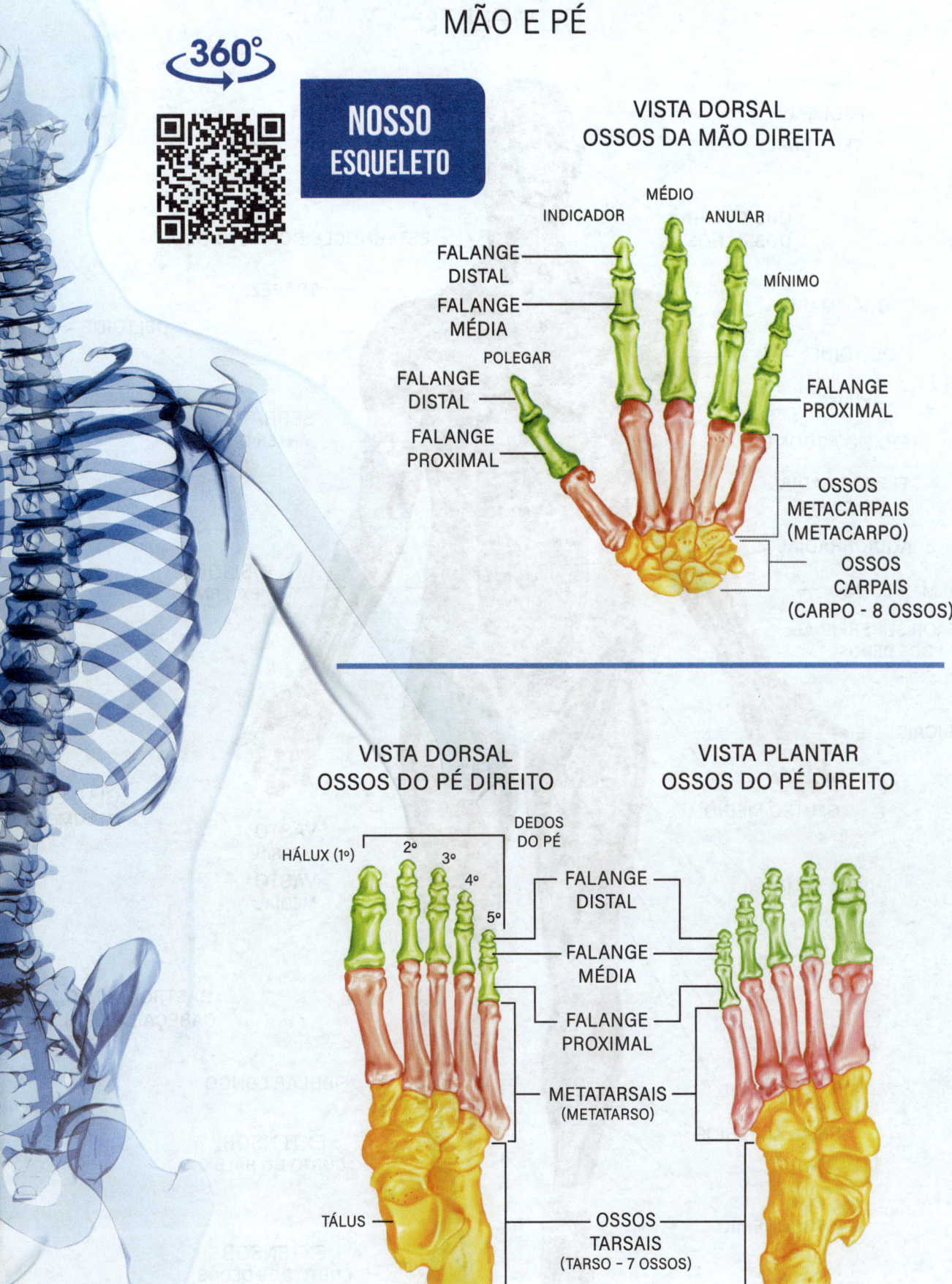

SISTEMA MUSCULAR
COMPLETO

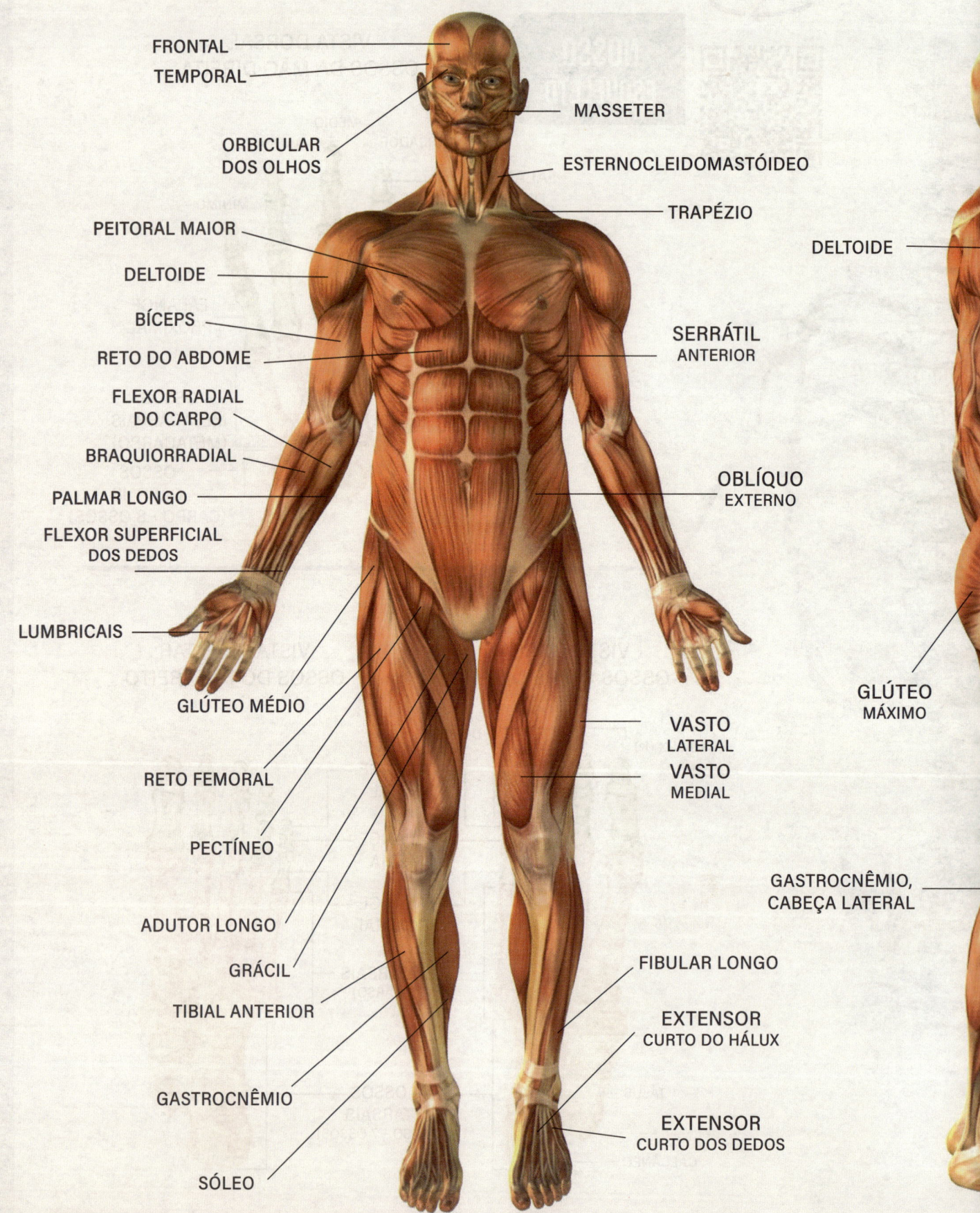

Você sabia?

Os músculos do ser humano, mais de 600 no total, são essenciais para o movimento e a sustentação do corpo. Eles se dividem em três tipos principais: esqueléticos, responsáveis pelos movimentos voluntários; lisos, encontrados em órgãos internos; e cardíacos, exclusivos do coração.

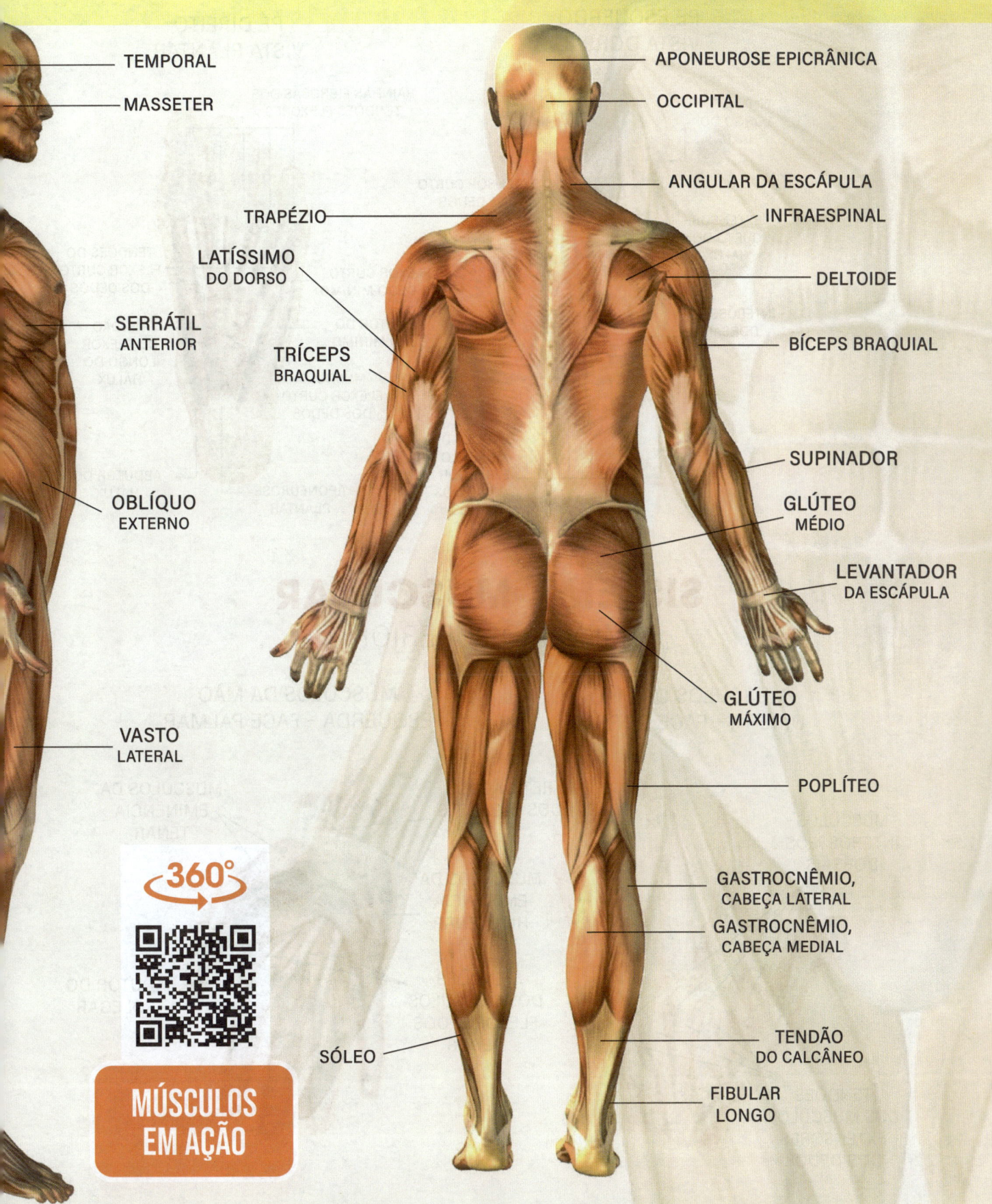

MÚSCULOS EM AÇÃO

SISTEMA MUSCULAR
MEMBRO INFERIOR

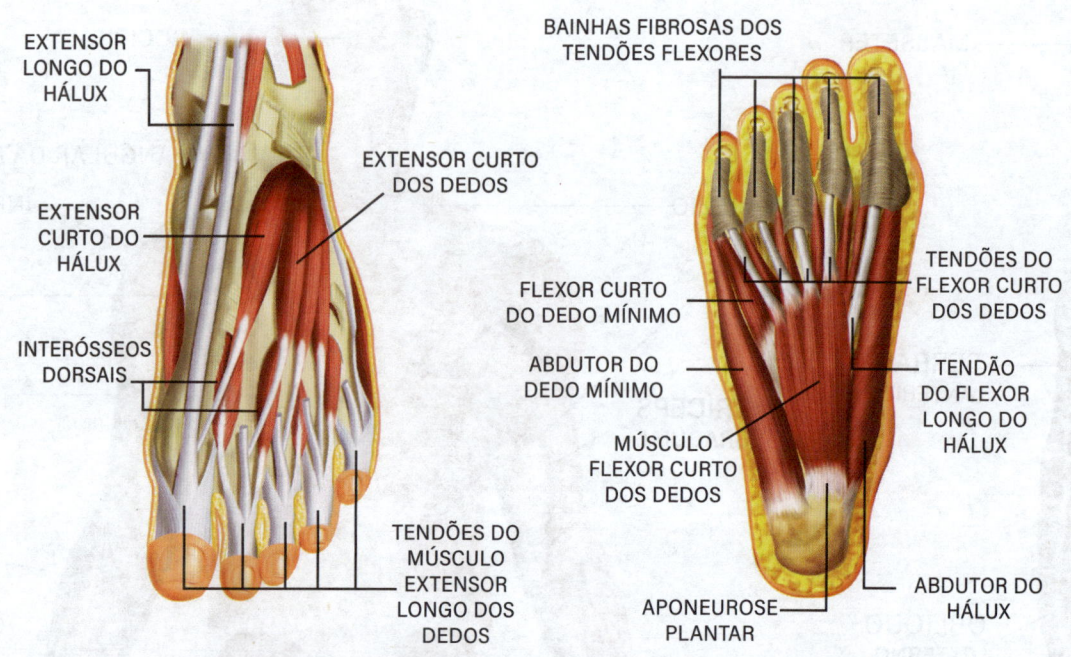

SISTEMA MUSCULAR
MEMBRO SUPERIOR

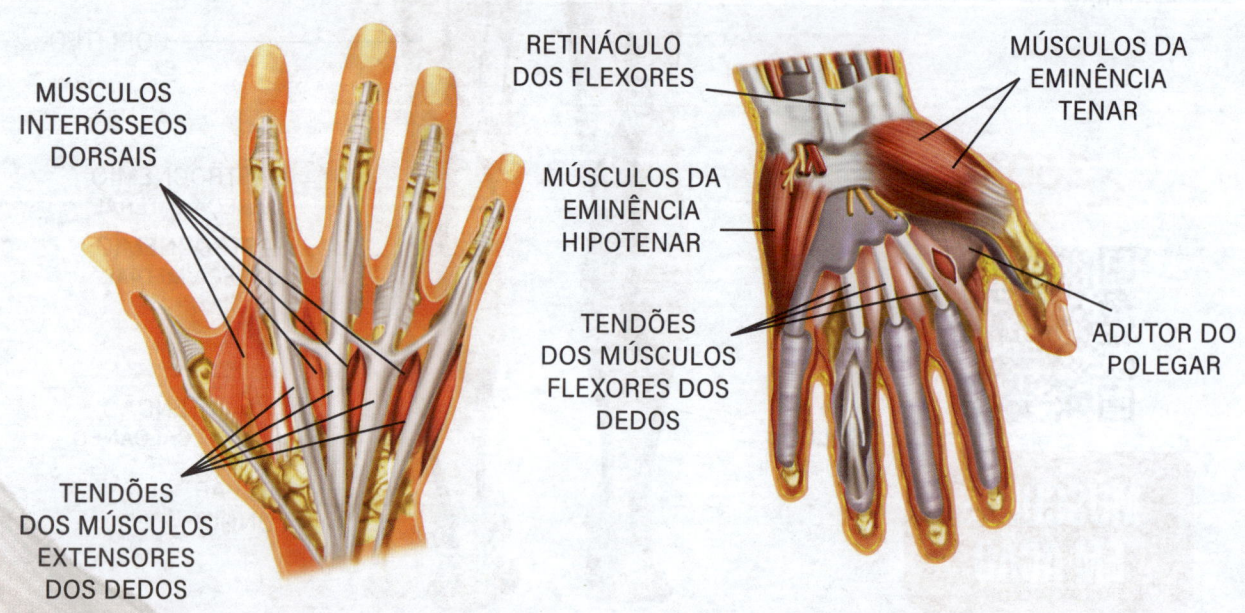

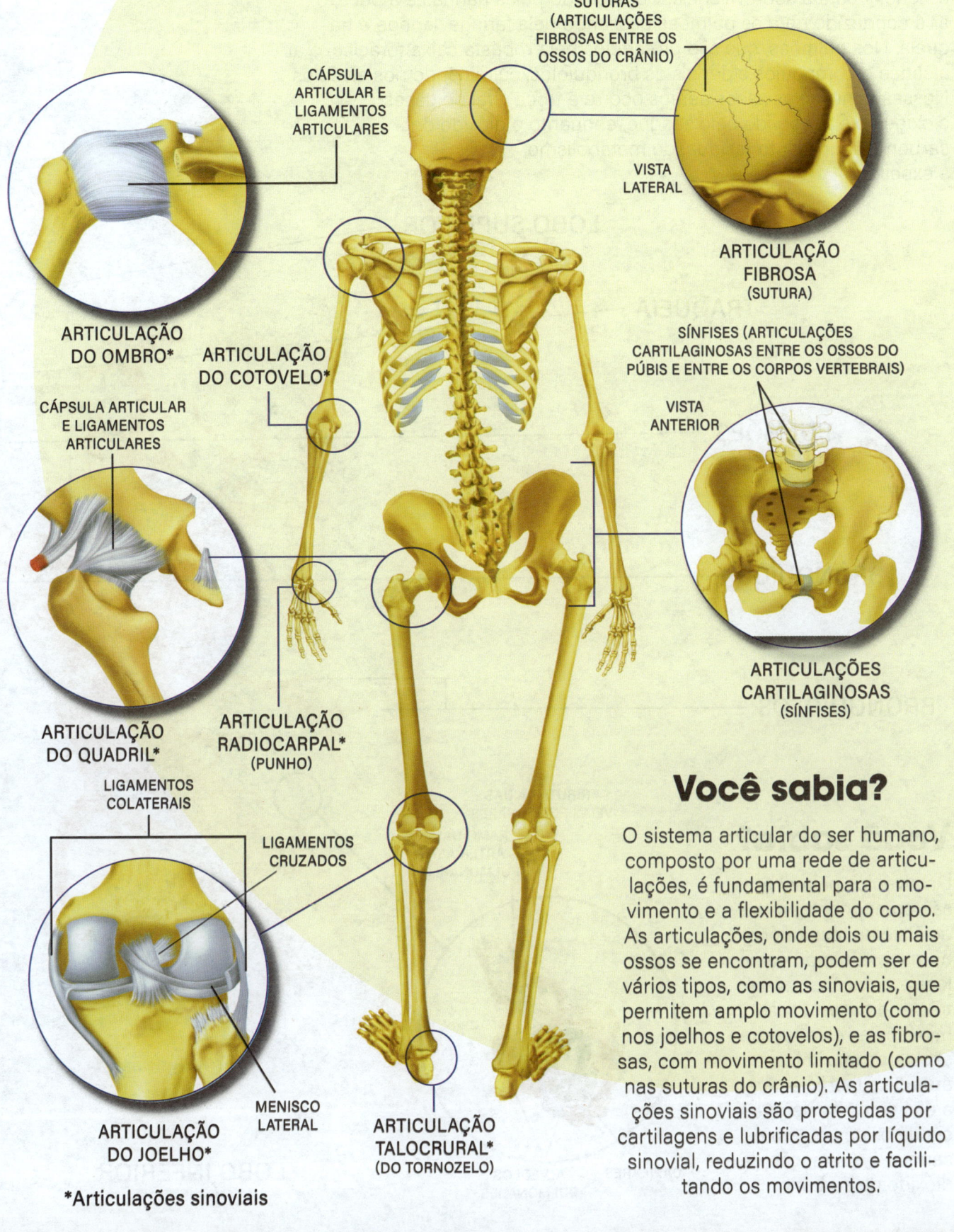

SISTEMA RESPIRATÓRIO
ESQUEMA GERAL

O sistema respiratório humano é uma engenharia biológica fascinante, essencial para a sobrevivência. Começando pelas narinas e a boca, o ar é conduzido para os pulmões passando pela faringe, laringe e traqueia. Nos pulmões, que são protegidos pela robusta caixa torácica, o ar alcança os brônquios e depois os bronquíolos, culminando nos alvéolos. Nesses minúsculos sacos aéreos ocorre a troca vital de gases: o oxigênio é absorvido pelo sangue, enquanto o dióxido de carbono, um produto residual do metabolismo, é expelido.

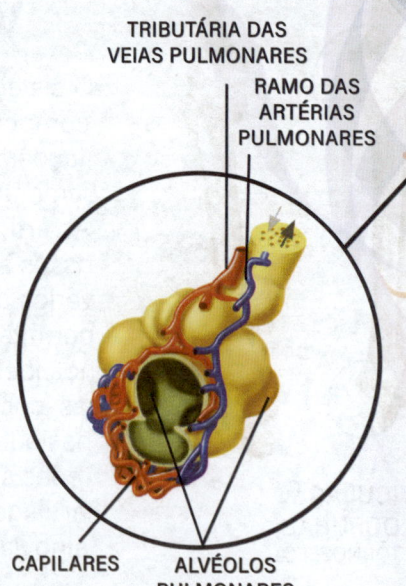

- LOBO SUPERIOR
- TRAQUEIA
- PULMÕES
- BRÔNQUIOS
- BRONQUÍOLOS
- TRIBUTÁRIA DAS VEIAS PULMONARES
- RAMO DAS ARTÉRIAS PULMONARES
- CAPILARES
- ALVÉOLOS PULMONARES
- LOBO INFERIOR

Você sabia?

Os alvéolos pulmonares são componentes vitais do sistema respiratório humano, atuando como locais primários para a troca de gases. Essas minúsculas estruturas saculares maximizam a área de superfície para a eficiente transferência de oxigênio para o sangue e a remoção de dióxido de carbono.

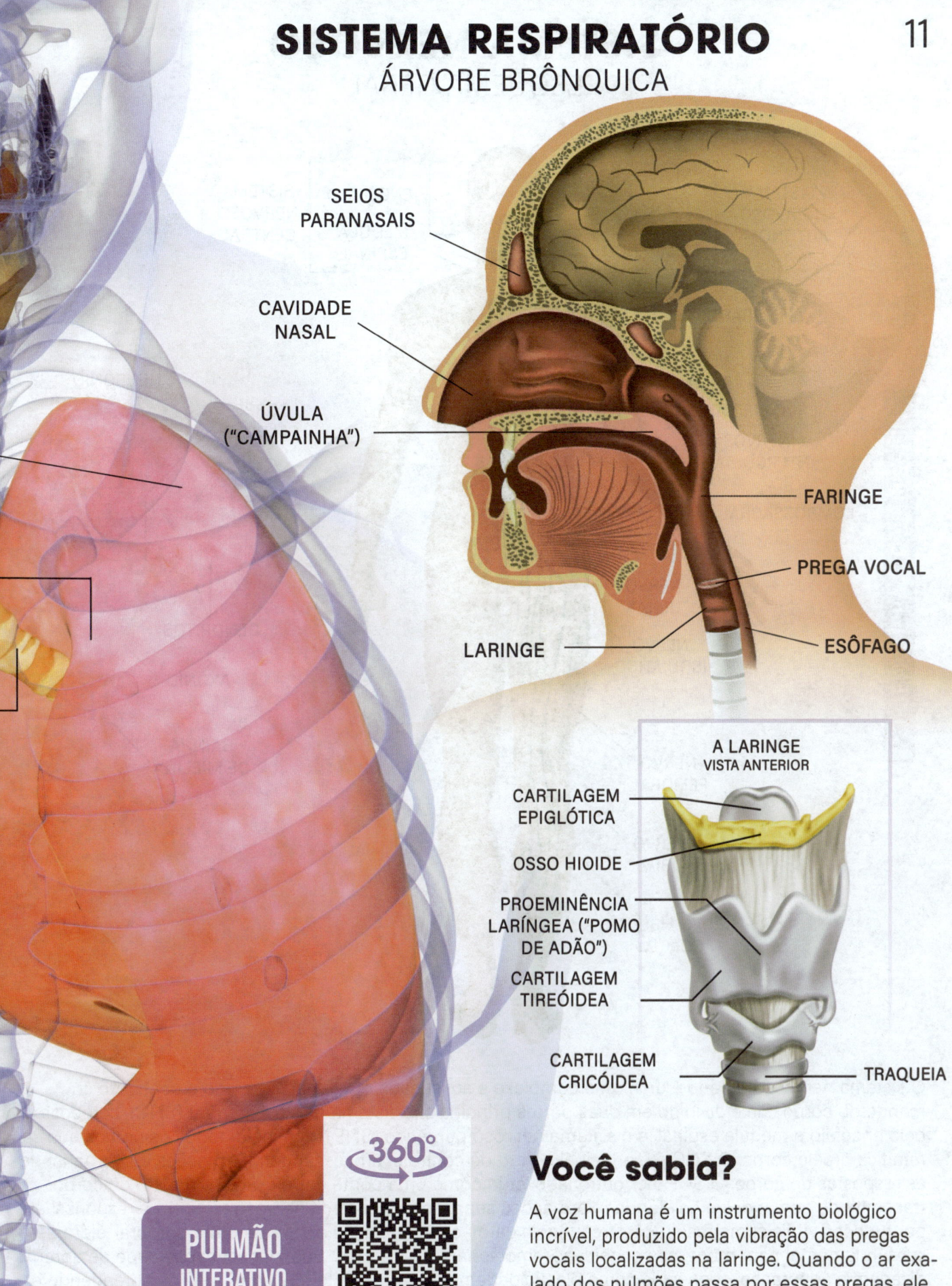

SISTEMA NERVOSO
ESQUEMA GERAL

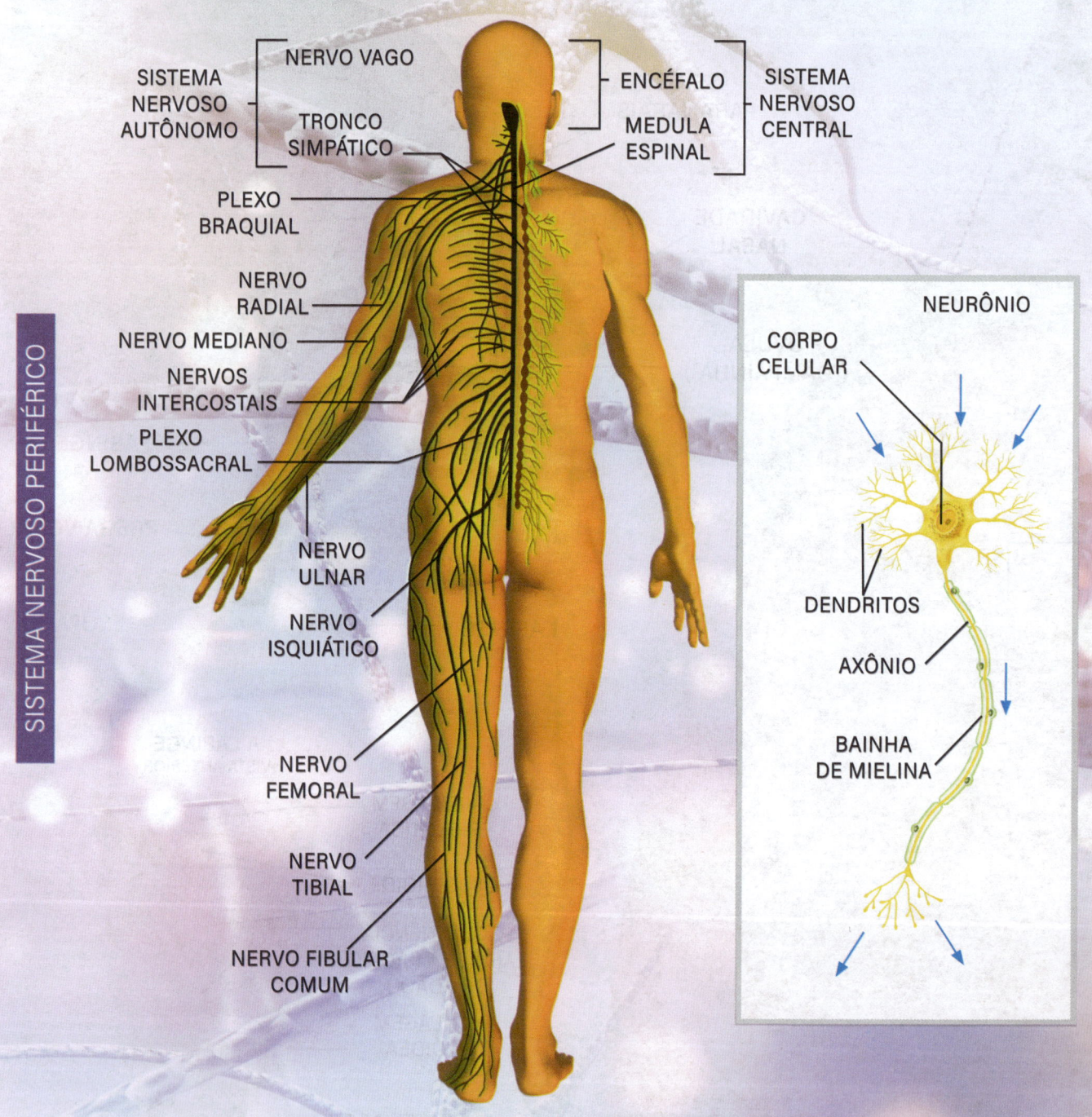

O sistema nervoso humano é uma rede complexa e sofisticada que funciona como o centro de comando do corpo. Ele é dividido em duas partes principais: o sistema nervoso central (SNC), composto pelo encéfalo e medula espinal, e o sistema nervoso periférico (SNP), que inclui todos os nervos que se ramificam pelo corpo. O SNC é o principal centro de controle, processando informações e coordenando as respostas do corpo. O SNP, por outro lado, atua como uma ponte entre o SNC e o resto do corpo, transmitindo comandos e coletando informações sensoriais. O sistema nervoso também é responsável por funções vitais como respiração, frequência cardíaca e regulação da temperatura corporal, além de ser fundamental para processos cognitivos, emocionais e sensoriais. Sua incrível capacidade de aprendizagem e adaptação, conhecida como plasticidade neuronal, permite que continuemos aprendendo e nos adaptando ao longo de nossas vidas.

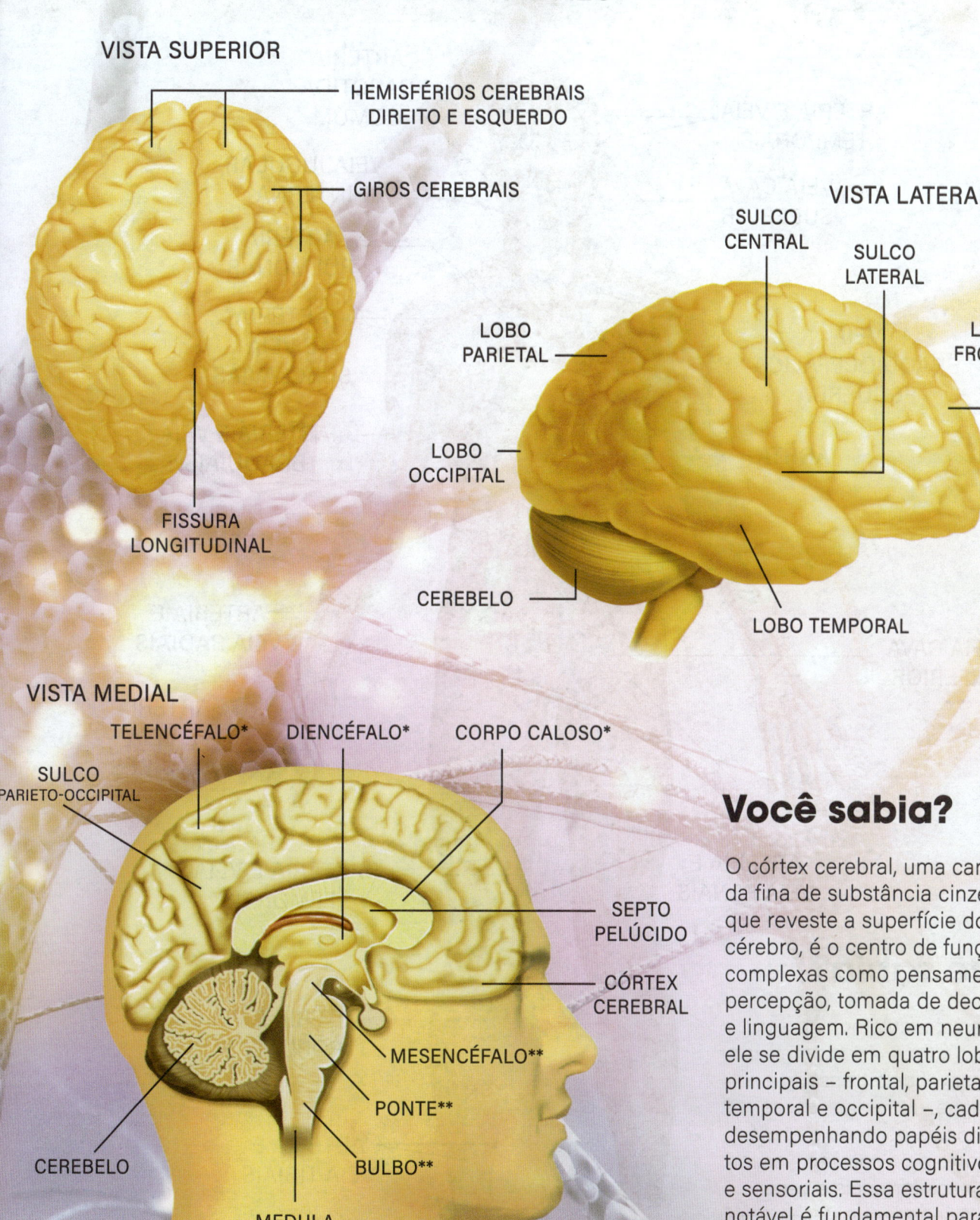

SISTEMA NERVOSO
ENCÉFALO

VISTA SUPERIOR
- HEMISFÉRIOS CEREBRAIS DIREITO E ESQUERDO
- GIROS CEREBRAIS
- FISSURA LONGITUDINAL

VISTA LATERAL
- SULCO CENTRAL
- SULCO LATERAL
- LOBO FRONTAL
- LOBO PARIETAL
- LOBO OCCIPITAL
- CEREBELO
- LOBO TEMPORAL

VISTA MEDIAL
- TELENCÉFALO*
- DIENCÉFALO*
- CORPO CALOSO*
- SULCO PARIETO-OCCIPITAL
- SEPTO PELÚCIDO
- CÓRTEX CEREBRAL
- MESENCÉFALO**
- PONTE**
- BULBO**
- CEREBELO
- MEDULA ESPINAL

* CÉREBRO
**TRONCO ENCEFÁLICO

Você sabia?

O córtex cerebral, uma camada fina de substância cinzenta que reveste a superfície do cérebro, é o centro de funções complexas como pensamento, percepção, tomada de decisões e linguagem. Rico em neurônios, ele se divide em quatro lobos principais – frontal, parietal, temporal e occipital –, cada um desempenhando papéis distintos em processos cognitivos e sensoriais. Essa estrutura notável é fundamental para a nossa capacidade de raciocinar, sonhar e imaginar, destacando a complexidade e a sofisticação do cérebro humano.

SISTEMA CIRCULATÓRIO
GRANDES VASOS DO CORPO I

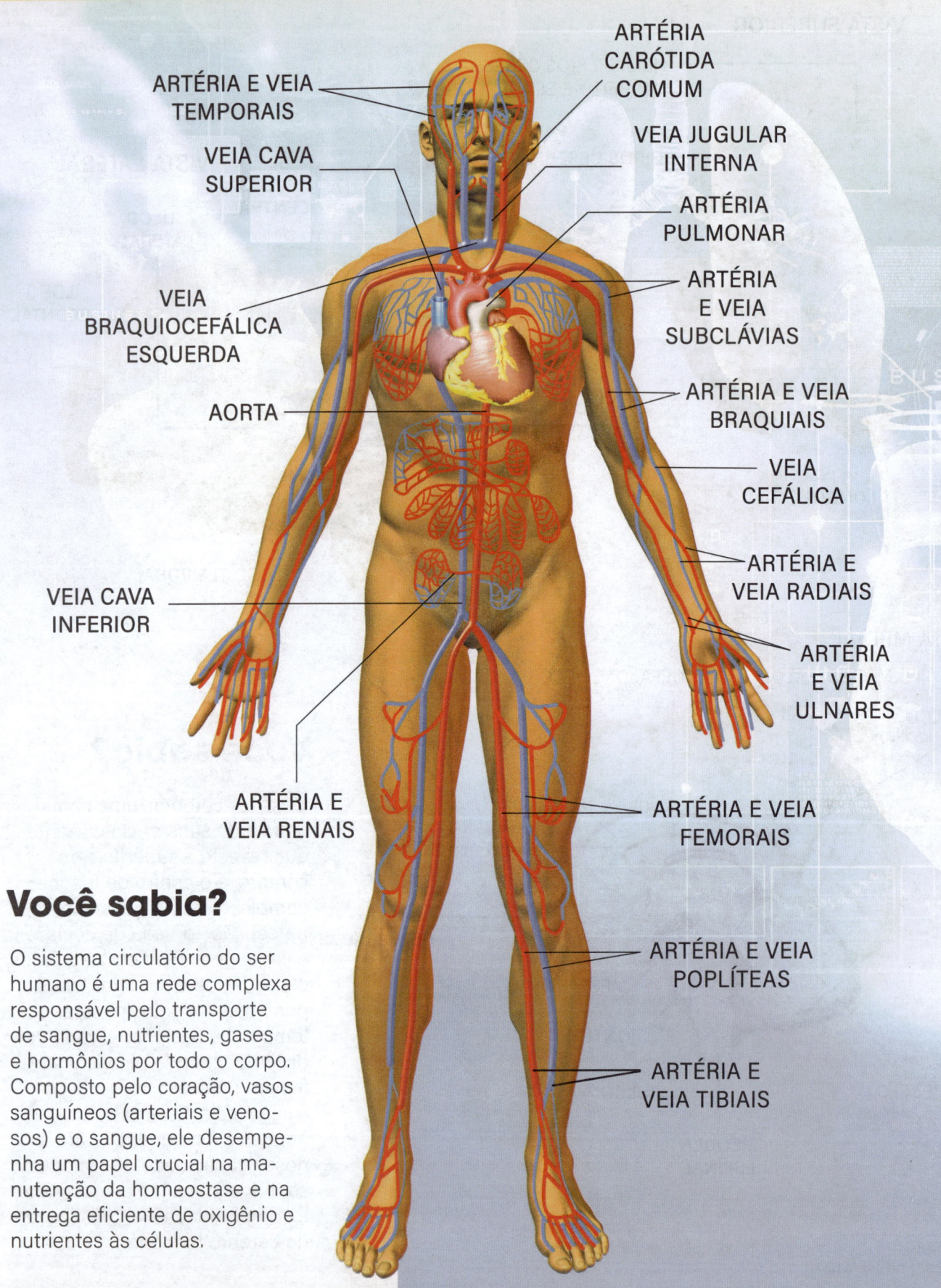

Você sabia?

O sistema circulatório do ser humano é uma rede complexa responsável pelo transporte de sangue, nutrientes, gases e hormônios por todo o corpo. Composto pelo coração, vasos sanguíneos (arteriais e venosos) e o sangue, ele desempenha um papel crucial na manutenção da homeostase e na entrega eficiente de oxigênio e nutrientes às células.

SISTEMA CIRCULATÓRIO
GRANDES VASOS DO CORPO II

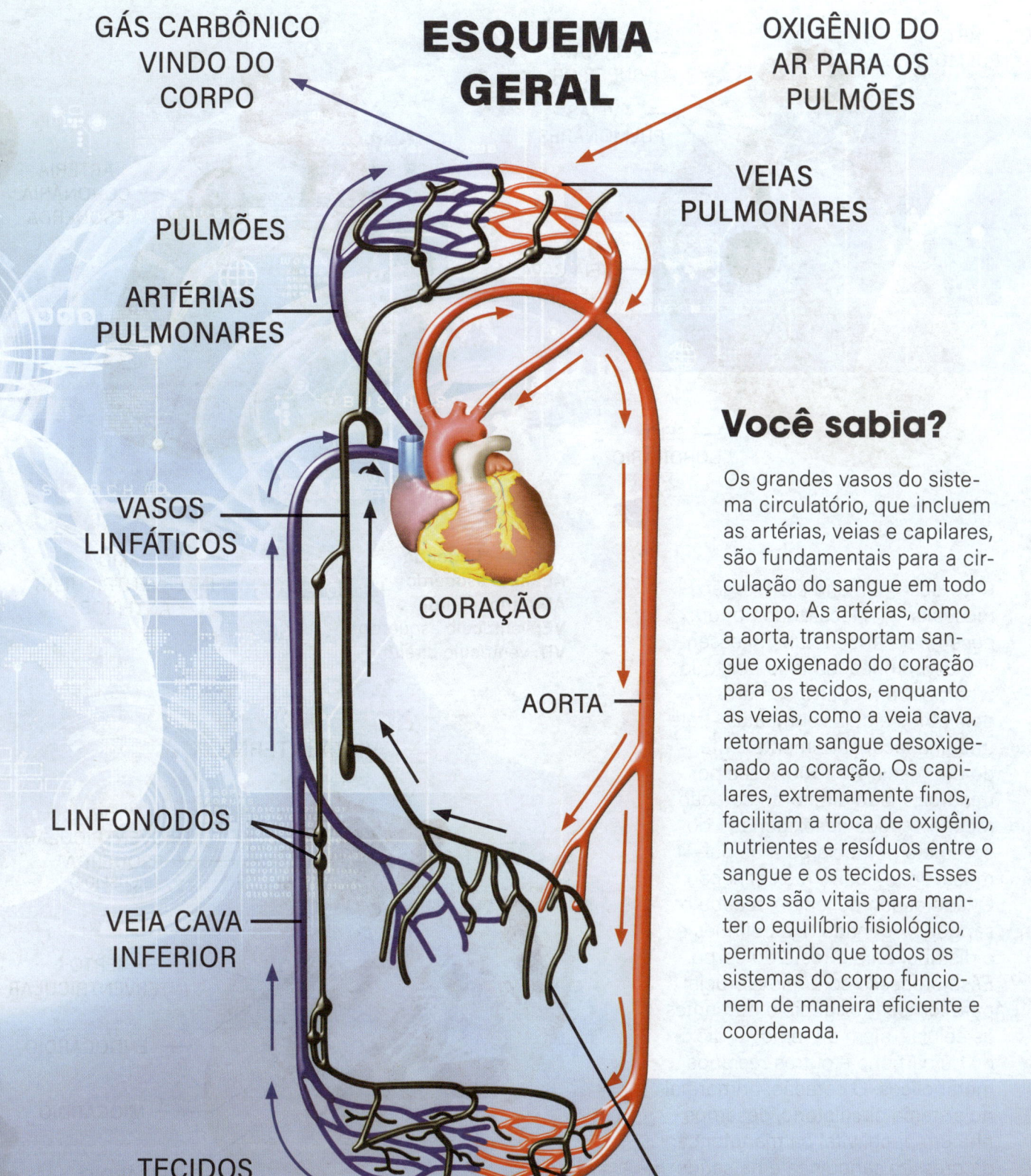

ESQUEMA GERAL

- GÁS CARBÔNICO VINDO DO CORPO
- OXIGÊNIO DO AR PARA OS PULMÕES
- VEIAS PULMONARES
- PULMÕES
- ARTÉRIAS PULMONARES
- VASOS LINFÁTICOS
- CORAÇÃO
- AORTA
- LINFONODOS
- VEIA CAVA INFERIOR
- TECIDOS DO CORPO
- CAPILARES

Você sabia?

Os grandes vasos do sistema circulatório, que incluem as artérias, veias e capilares, são fundamentais para a circulação do sangue em todo o corpo. As artérias, como a aorta, transportam sangue oxigenado do coração para os tecidos, enquanto as veias, como a veia cava, retornam sangue desoxigenado ao coração. Os capilares, extremamente finos, facilitam a troca de oxigênio, nutrientes e resíduos entre o sangue e os tecidos. Esses vasos são vitais para manter o equilíbrio fisiológico, permitindo que todos os sistemas do corpo funcionem de maneira eficiente e coordenada.

SISTEMA CIRCULATÓRIO
CORAÇÃO

VISTA POSTERIOR

- ARTÉRIAS PULMONARES
- VEIA CAVA SUPERIOR
- 4 VEIAS PULMONARES
- VEIA CAVA INFERIOR
- SEIO CORONÁRIO

VISTA ANTERIOR

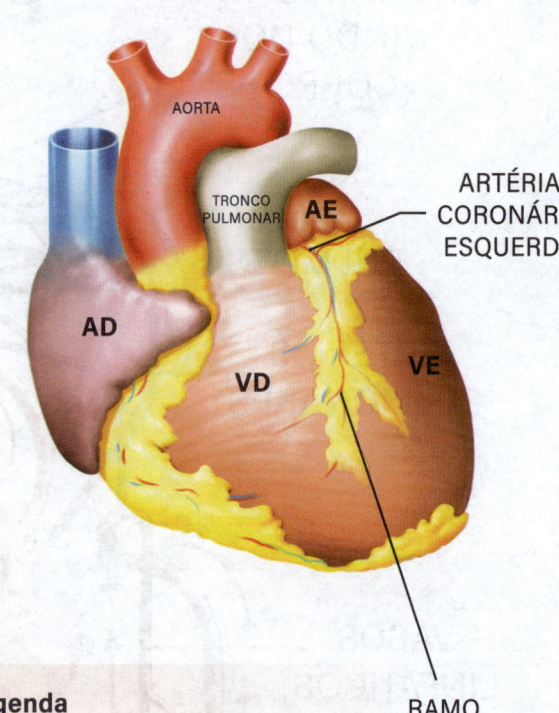

- AORTA
- TRONCO PULMONAR
- AE
- ARTÉRIA CORONÁRIA ESQUERDA
- AD
- VD
- VE
- RAMO INTERVENTRICULAR ANTERIOR

Legenda
AE: átrio esquerdo
AD: átrio direito
VE: ventrículo esquerdo
VD: ventrículo direito

O coração humano é um órgão muscular vital localizado no tórax, desempenhando a função essencial de bombear sangue por todo o corpo. Com quatro câmaras – dois átrios e dois ventrículos –, ele trabalha incansavelmente, batendo em média 70 a 100 vezes por minuto. O lado direito do coração recebe sangue desoxigenado do corpo e o bombeia para os pulmões, onde ocorre a oxigenação. O lado esquerdo, então, recebe o sangue oxigenado dos pulmões e o distribui para o resto do corpo. Esse processo contínuo é crucial para fornecer oxigênio e nutrientes às células, além de remover dióxido de carbono e outros resíduos metabólicos. O coração, primordial no sistema circulatório, desempenha um papel vital na manutenção da pressão sanguínea e na saúde geral do organismo.

VISTA INTERNA

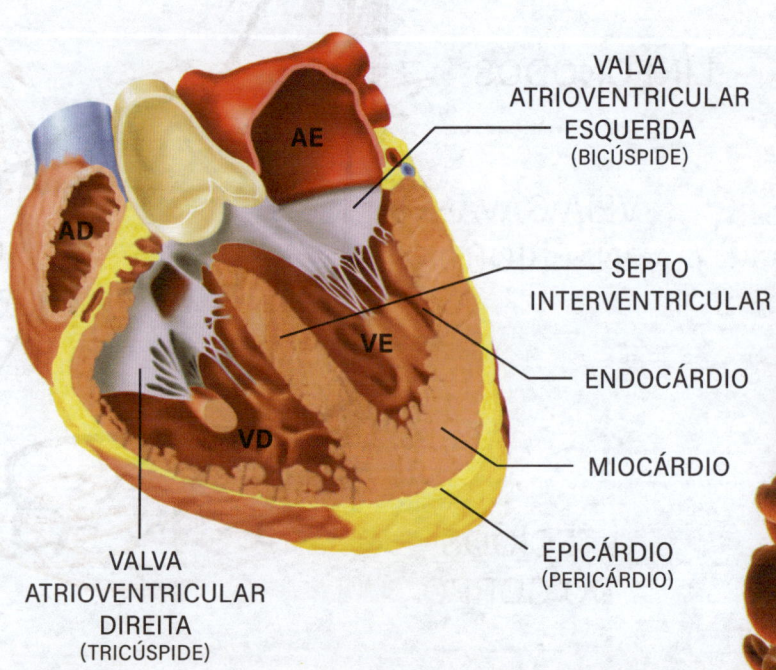

- AE
- AD
- VE
- VD
- VALVA ATRIOVENTRICULAR ESQUERDA (BICÚSPIDE)
- SEPTO INTERVENTRICULAR
- ENDOCÁRDIO
- MIOCÁRDIO
- EPICÁRDIO (PERICÁRDIO)
- VALVA ATRIOVENTRICULAR DIREITA (TRICÚSPIDE)

SISTEMA CIRCULATÓRIO
A CIRCULAÇÃO DO SANGUE NO CORAÇÃO

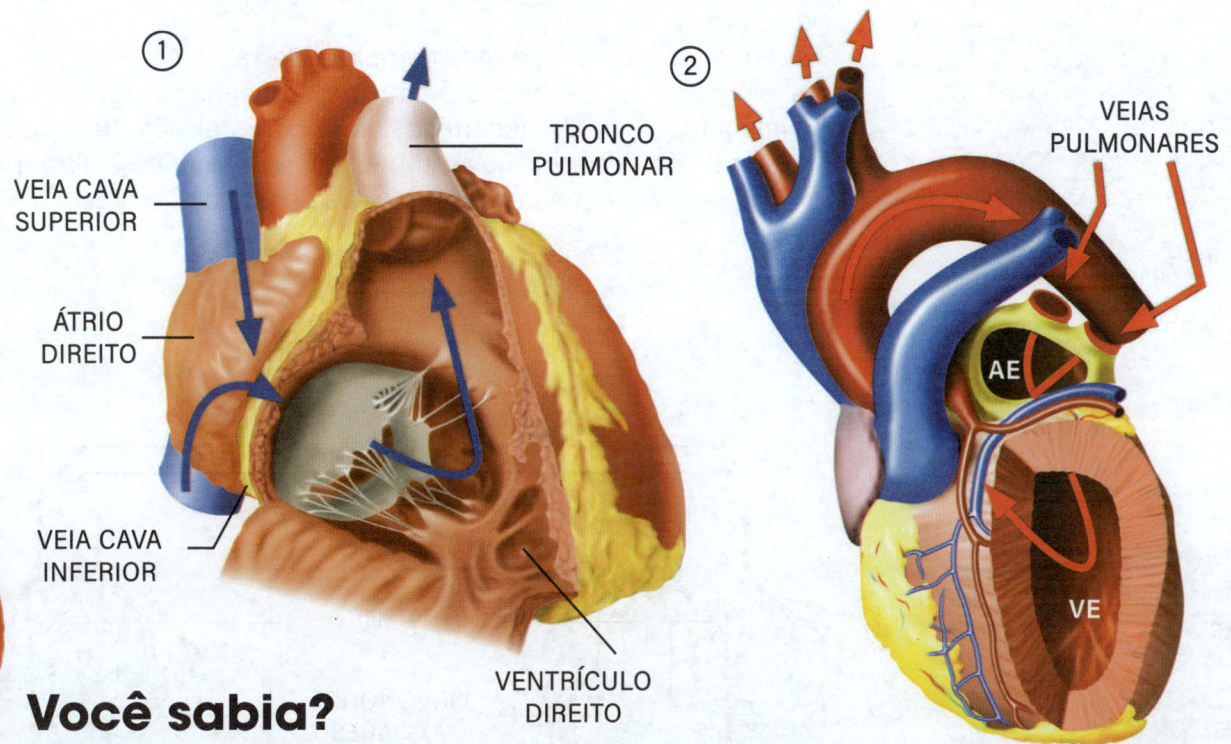

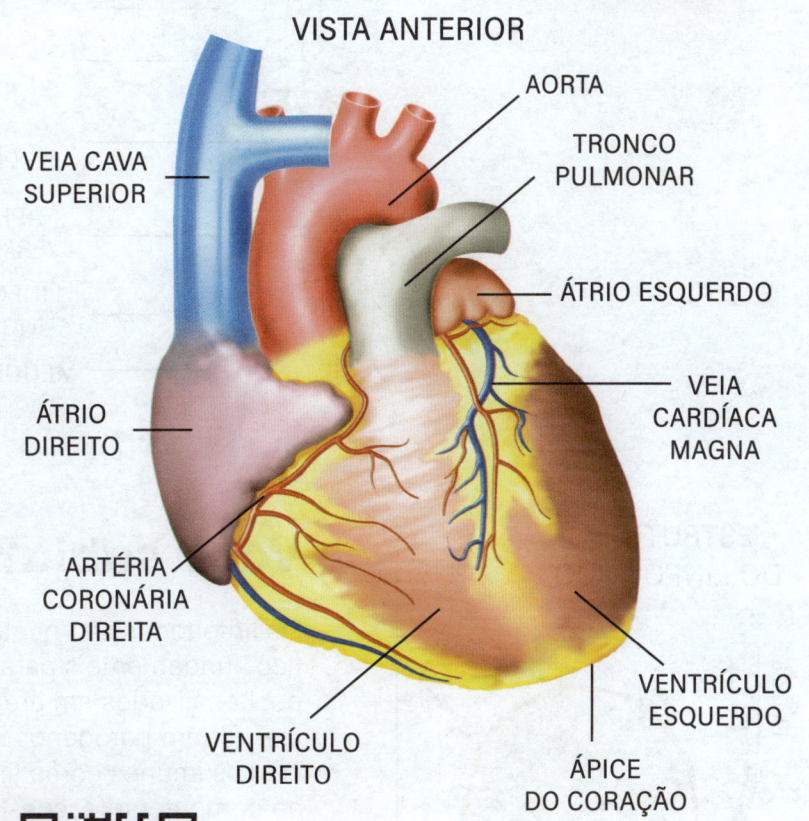

Você sabia?

A Figura 1 ilustra o percurso do sangue venoso, colorido de azul, originário de várias partes do corpo, que alcança o coração pelas veias cavas superior e inferior. Esse sangue flui através do átrio direito e do tronco pulmonar até atingir os pulmões. Por outro lado, a Figura 2 mostra a trajetória do sangue arterial, indicado em vermelho. Este sangue, após a oxigenação nos pulmões, retorna ao coração via veias pulmonares, circulando pelo átrio esquerdo, ventrículo esquerdo e saindo pela aorta para ser distribuído por todo o organismo.

CORAÇÃO PULSANDO

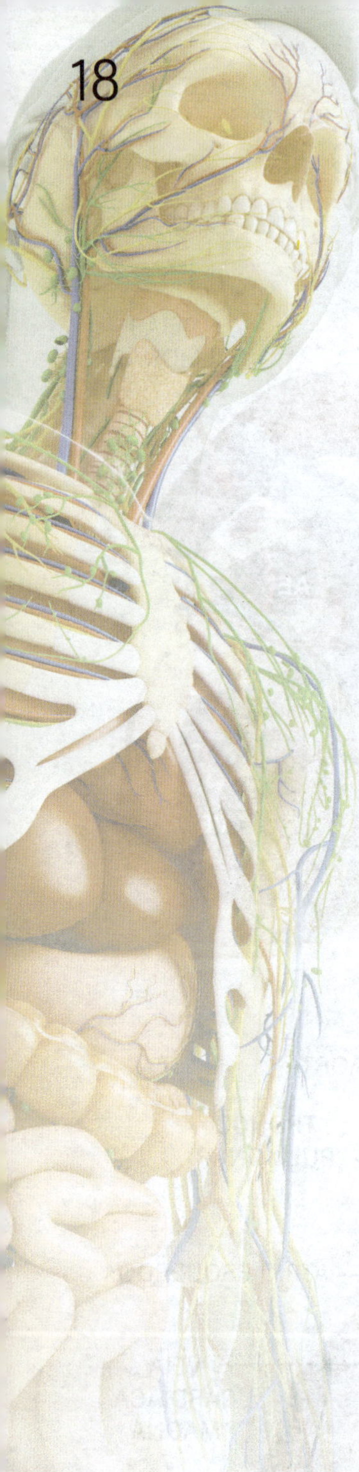

SISTEMA LINFÁTICO
VASOS LINFÁTICOS E LINFONODOS

O sistema linfático é uma rede complexa de vasos linfáticos, linfonodos, e órgãos como o baço e o timo, desempenhando funções vitais na imunidade e na drenagem de fluidos corporais. Ele transporta a linfa, um fluido rico em células imunológicas, ajudando a filtrar patógenos e a manter a homeostase do fluido corporal.

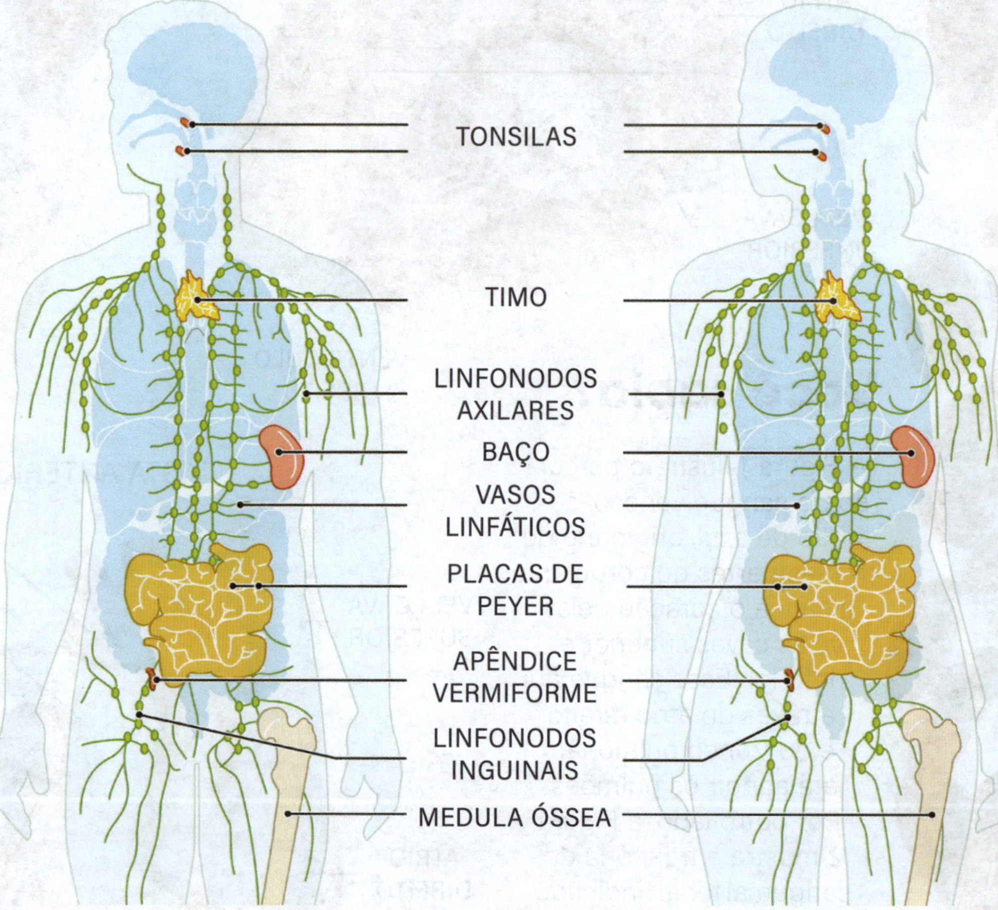

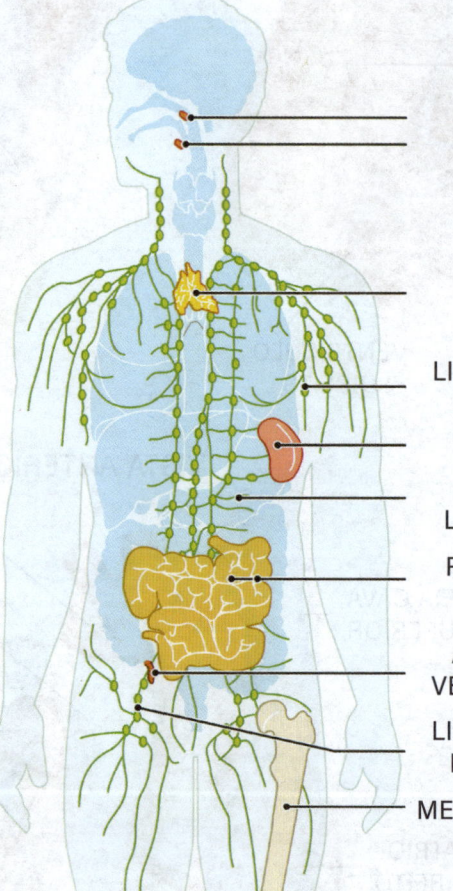

- TONSILAS
- TIMO
- LINFONODOS AXILARES
- BAÇO
- VASOS LINFÁTICOS
- PLACAS DE PEYER
- APÊNDICE VERMIFORME
- LINFONODOS INGUINAIS
- MEDULA ÓSSEA

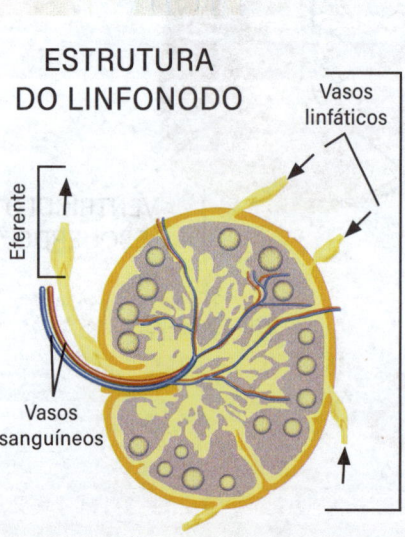

ESTRUTURA DO LINFONODO

- Vasos linfáticos
- Eferente
- Vasos sanguíneos

Você sabia?

Os linfonodos são pequenas estruturas do sistema linfático, fundamentais para a resposta imunológica do corpo. Localizados em áreas como pescoço, axilas e virilha, eles filtram patógenos e células danificadas. Contendo células imunes como linfócitos, os linfonodos se incham ao combater infecções, sinalizando uma resposta imune ativa. Eles são cruciais na detecção e reação a agentes infecciosos, ajudando a manter a saúde do organismo. Este inchaço é um indicativo da luta do corpo contra invasores, como bactérias e vírus.

ÓRGÃOS DOS SENTIDOS
ORELHA E AUDIÇÃO

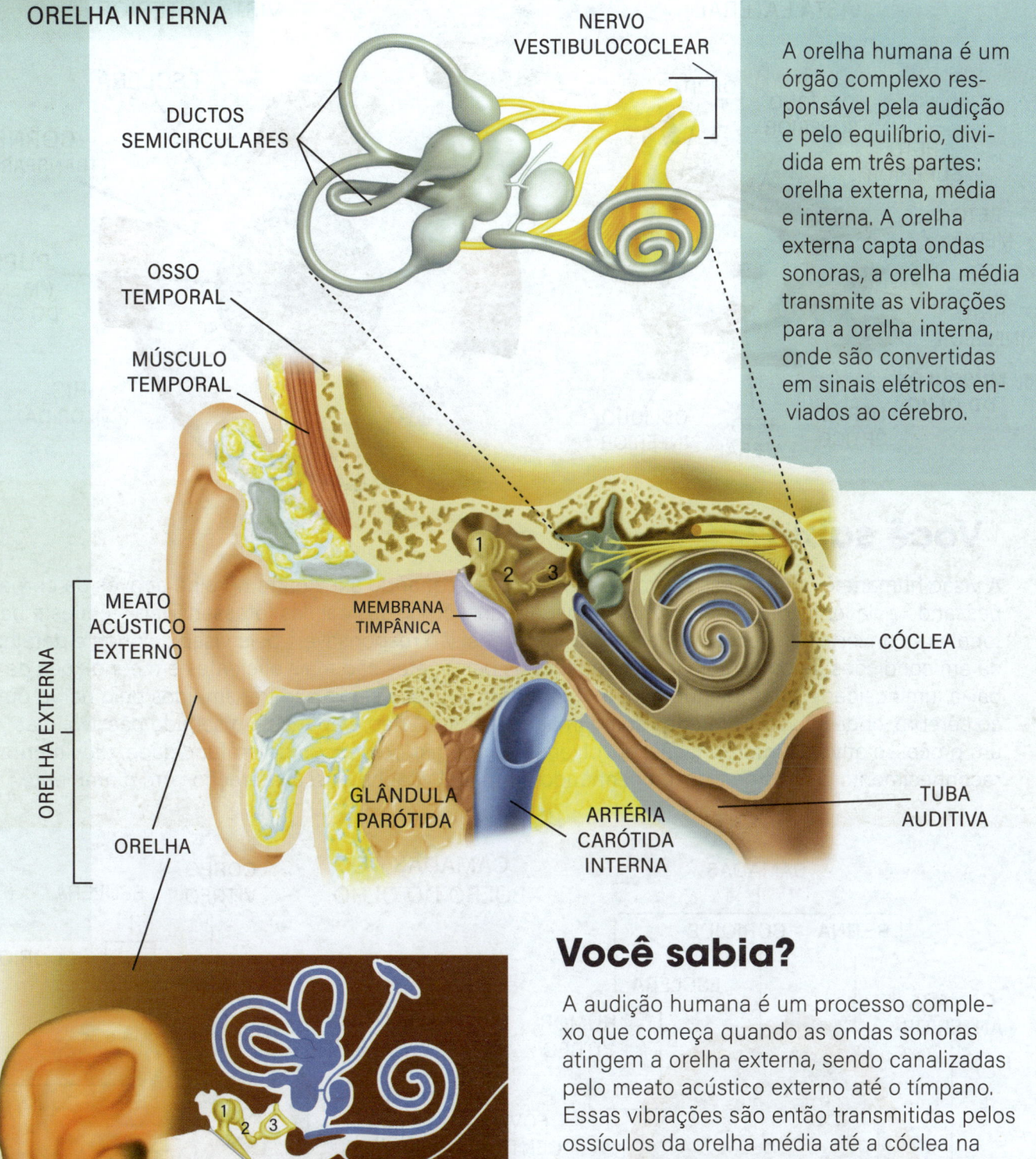

1 - MARTELO | 2 - BIGORNA | 3 - ESTRIBO

A orelha humana é um órgão complexo responsável pela audição e pelo equilíbrio, dividida em três partes: orelha externa, média e interna. A orelha externa capta ondas sonoras, a orelha média transmite as vibrações para a orelha interna, onde são convertidas em sinais elétricos enviados ao cérebro.

Você sabia?

A audição humana é um processo complexo que começa quando as ondas sonoras atingem a orelha externa, sendo canalizadas pelo meato acústico externo até o tímpano. Essas vibrações são então transmitidas pelos ossículos da orelha média até a cóclea na orelha interna, onde são convertidas em sinais elétricos que o cérebro interpreta como som. Esse sistema permite não apenas a percepção de uma vasta gama de frequências sonoras, mas também ajuda na localização da origem dos sons e na comunicação.

ÓRGÃOS DOS SENTIDOS
OLHO (VISÃO)

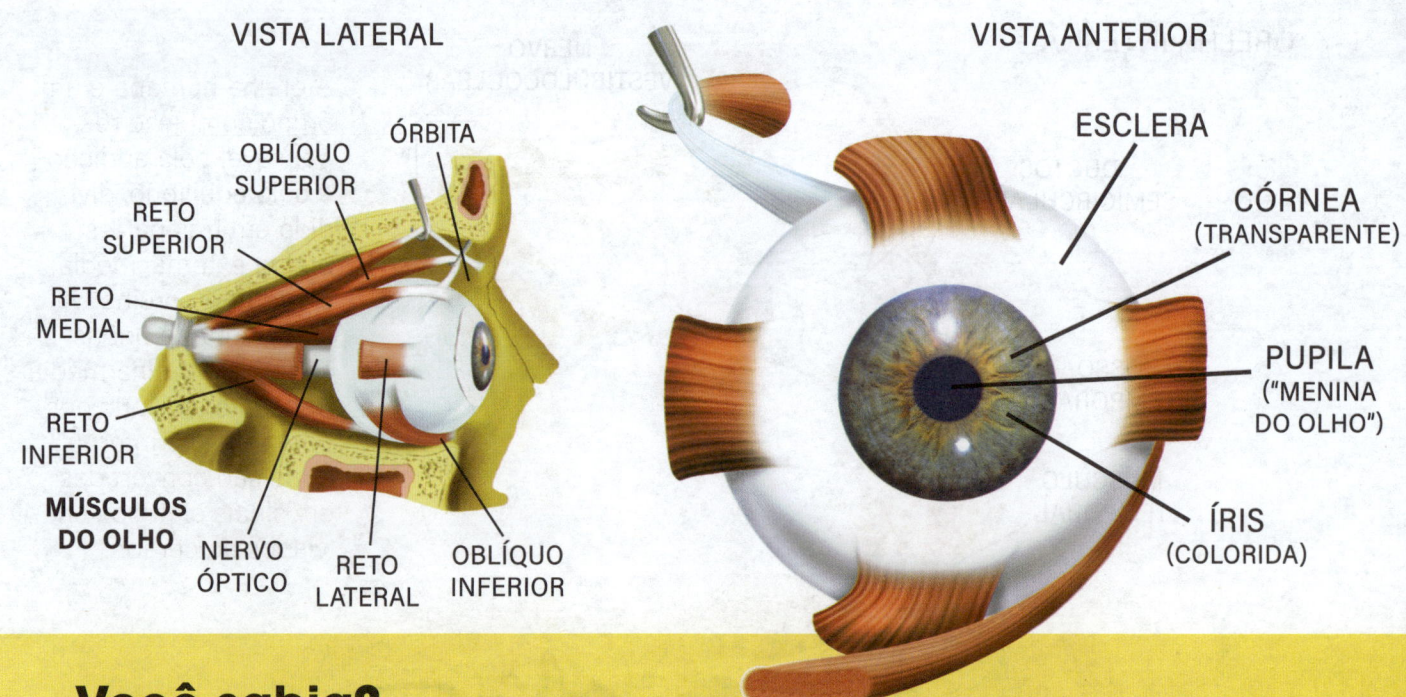

Você sabia?

A visão humana é um processo complexo que começa quando a luz entra no olho através da córnea, passando pela lente, que foca a luz na retina. A retina, com suas células fotossensíveis - cones e bastonetes - converte a luz em sinais elétricos. Os cones são responsáveis pela visão colorida e detalhada em condições de boa iluminação, enquanto os bastonetes são mais eficientes em condições de baixa luminosidade, contribuindo para a visão noturna. Esses sinais são transmitidos pelo nervo óptico ao cérebro, onde são interpretados como imagens. A visão não é apenas um sentido passivo, mas um processo ativo de interpretação, envolvendo também a percepção de profundidade, movimento e reconhecimento de padrões, desempenhando um papel vital na nossa interação com o ambiente.

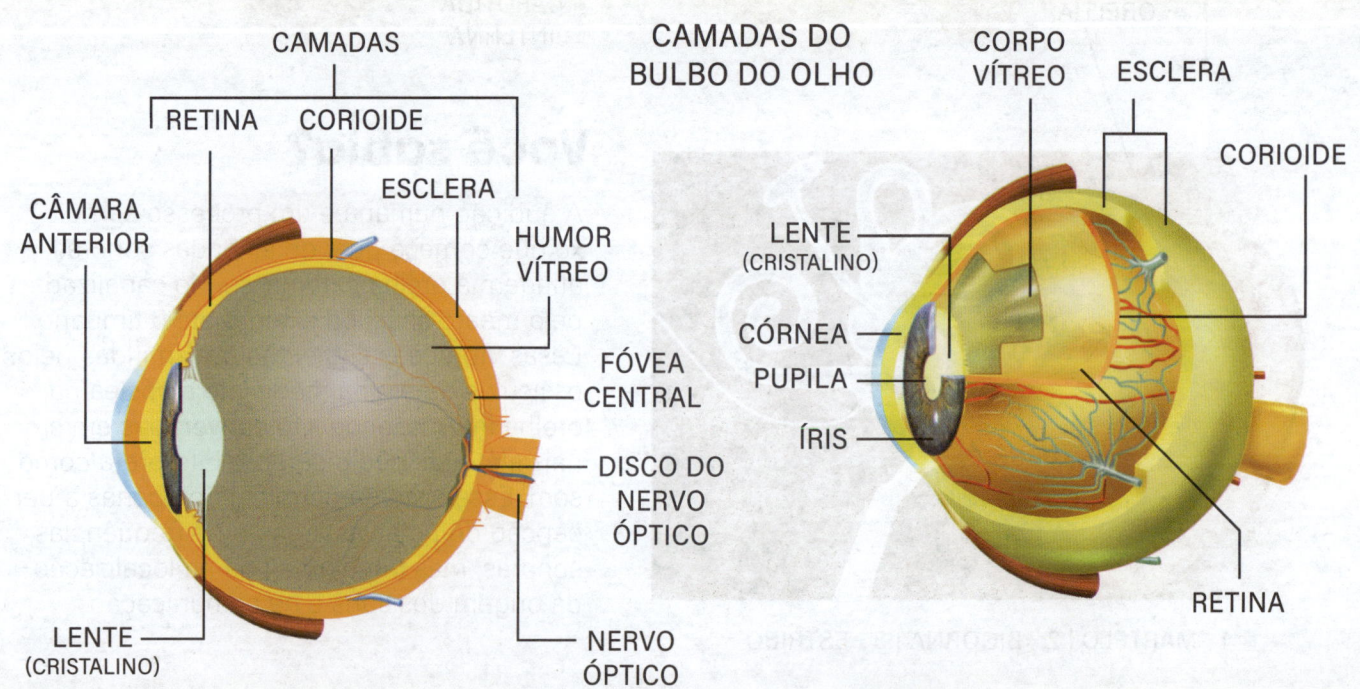

ÓRGÃOS DOS SENTIDOS
LÍNGUA E NARIZ (GUSTAÇÃO e OLFAÇÃO)

A gustação, ou sentido do paladar, é um processo sensorial pelo qual os seres humanos percebem e distinguem os sabores dos alimentos e bebidas. Esse sentido é mediado pelas papilas gustativas, localizadas principalmente na língua, que detectam sabores básicos como doce, salgado, amargo, azedo e umami. A gustação é essencial para a experiência alimentar e também desempenha um papel importante na segurança alimentar, ajudando a identificar alimentos estragados ou tóxicos.

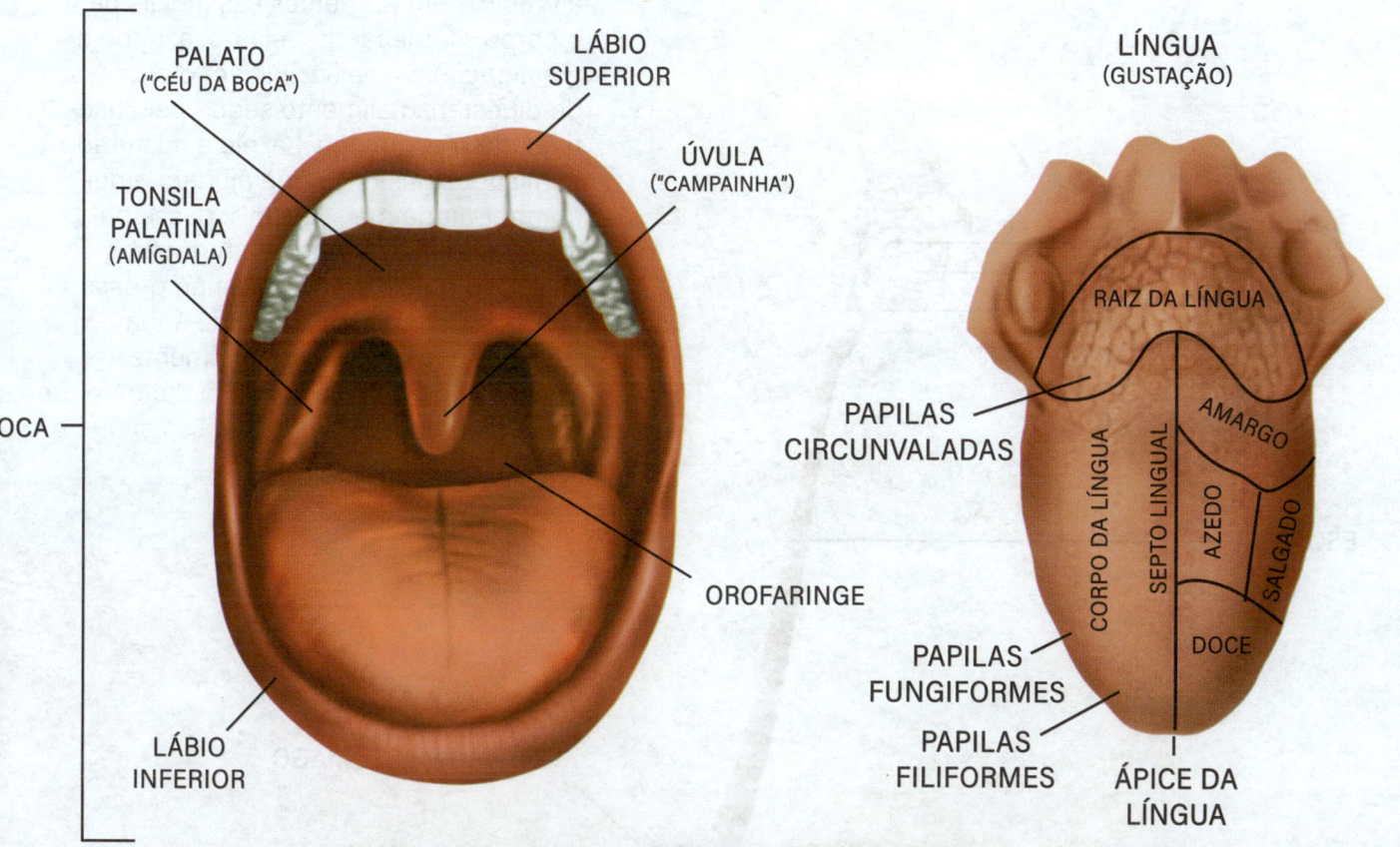

O olfato humano, um sentido essencial, é mediado por receptores olfativos no epitélio nasal que detectam e diferenciam uma ampla gama de odores. Esse sentido está intimamente ligado à memória e emoções, desempenhando um papel crucial na percepção do sabor dos alimentos e na detecção de perigos, como fumaça ou alimentos estragados. A capacidade olfativa varia significativamente entre as pessoas e pode ser afetada por fatores como idade, saúde e exposição a certos ambientes ou substâncias.

SISTEMA DIGESTÓRIO
ESQUEMA GERAL

ESTÔMAGO POR DENTRO

Você sabia?

O sistema digestório é uma maravilha da biologia, responsável pela quebra dos alimentos em nutrientes essenciais para o corpo. Começando pela boca, onde a mastigação e a saliva iniciam o processo de digestão, o alimento segue pelo esôfago até o estômago. Lá, ele é misturado com sucos gástricos que ajudam a decompor ainda mais. Depois, passa pelo intestino delgado, onde os nutrientes são absorvidos, e pelo intestino grosso, responsável pela absorção de água e formação do bolo fecal. Finalmente, os resíduos são excretados, completando um processo essencial para a nossa saúde e sobrevivência.

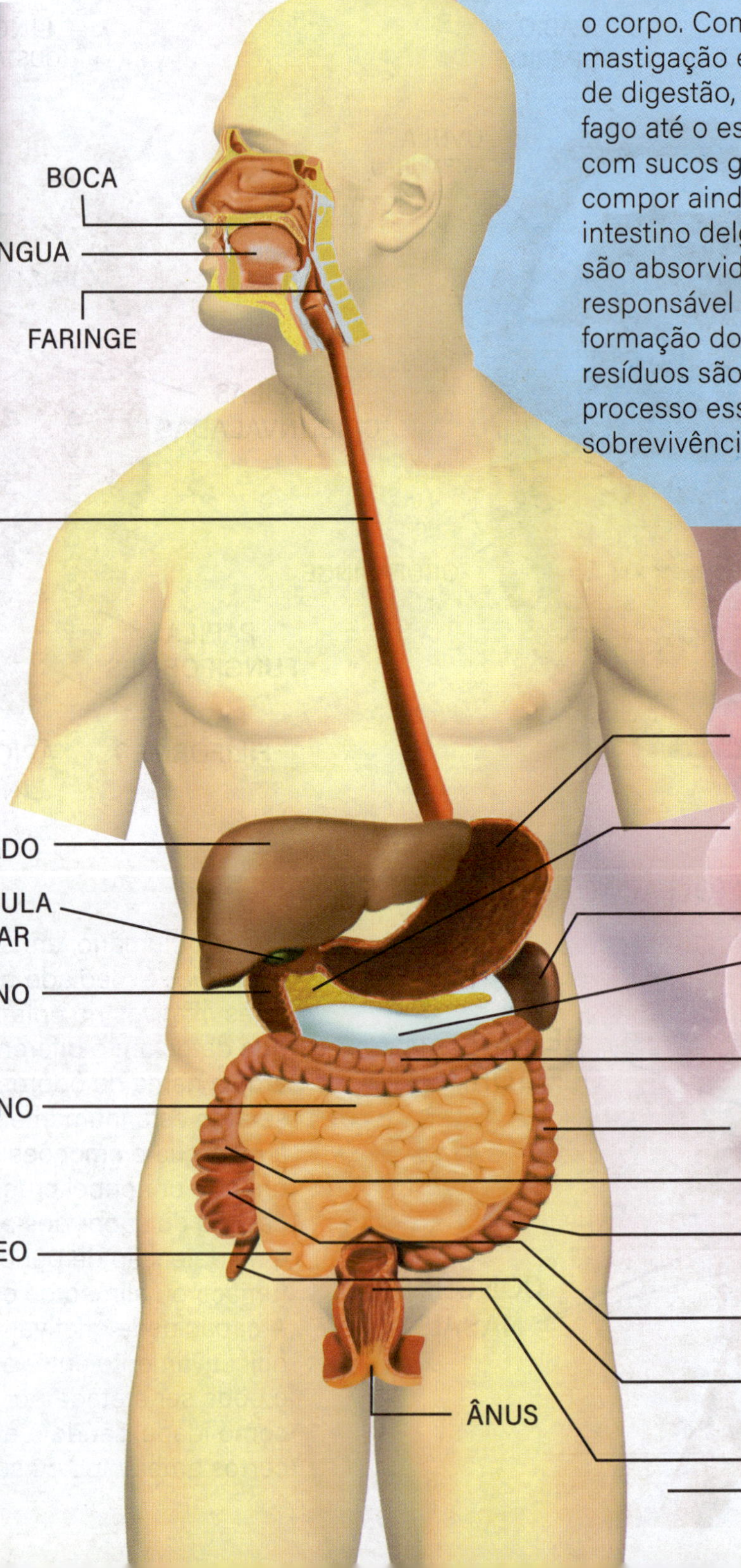

- BOCA
- LÍNGUA
- FARINGE
- ESÔFAGO
- FÍGADO
- VESÍCULA BILIAR
- DUODENO
- JEJUNO
- ÍLEO
- ÂNUS
- ESTÔMAGO
- PÂNCREAS
- BAÇO
- MESOCOLO TRANSVERSO (PREGA DE PERITÔNIO)
- TRANSVERSO
- DESCENDENTE
- ASCENDENTE
- SIGMOIDE
- CECO
- APÊNDICE VERMIFORME
- RETO

INTESTINO DELGADO

COLOS

INTESTINO GROSSO

SISTEMA DIGESTÓRIO
ESTÔMAGO, INTESTINO, PÂNCREAS E FÍGADO

GLÂNDULAS SALIVARES: PARÓTIDAS, SUBMANDIBULARES E SUBLINGUAIS

As glândulas salivares são essenciais para a digestão e a saúde bucal, produzindo saliva que ajuda na mastigação, na gustação e na proteção dos dentes.

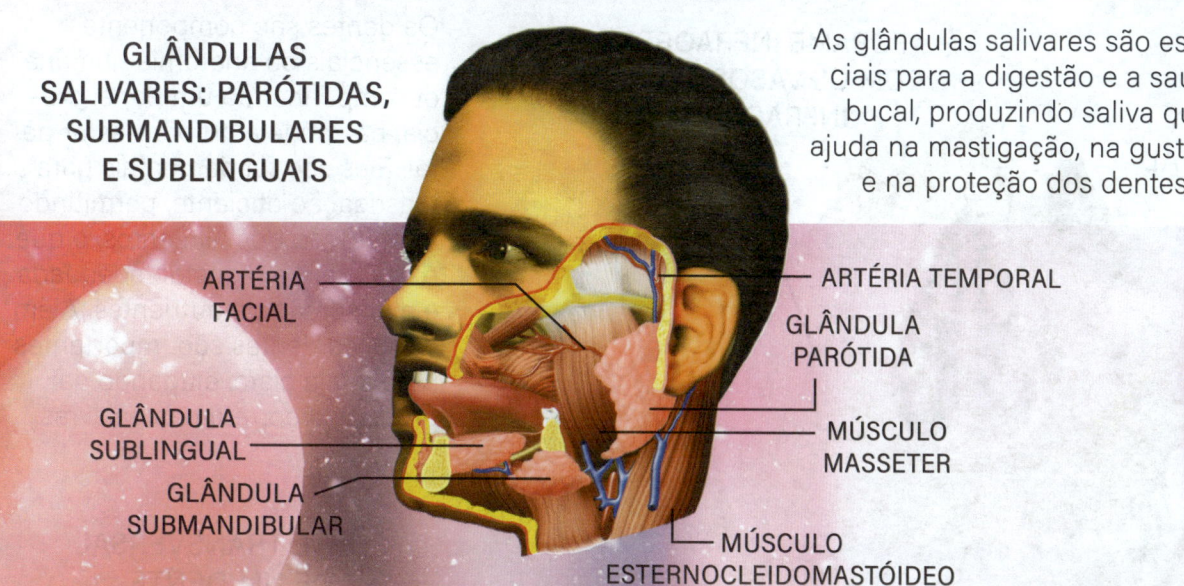

ARTÉRIA FACIAL
GLÂNDULA SUBLINGUAL
GLÂNDULA SUBMANDIBULAR
ARTÉRIA TEMPORAL
GLÂNDULA PARÓTIDA
MÚSCULO MASSETER
MÚSCULO ESTERNOCLEIDOMASTÓIDEO

FÍGADO – VISTA INFERIOR

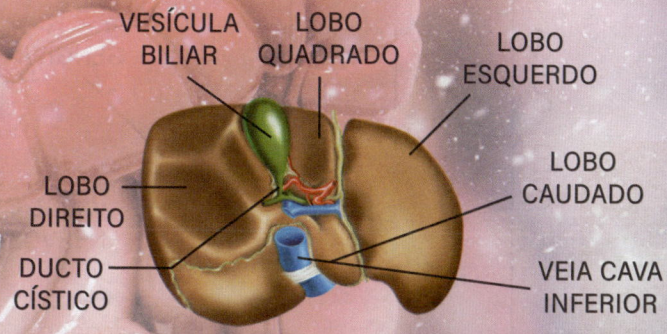

VESÍCULA BILIAR
LOBO QUADRADO
LOBO ESQUERDO
LOBO DIREITO
LOBO CAUDADO
DUCTO CÍSTICO
VEIA CAVA INFERIOR

O fígado é um órgão vital que desempenha funções essenciais para a saúde humana. Ele é responsável pela desintoxicação do corpo, filtrando toxinas do sangue. Além disso, o fígado auxilia na digestão, produzindo bile necessária para quebrar gorduras. Também é crucial na regulação de substâncias químicas no sangue, como glicose, colesterol e proteínas. Por fim, o fígado tem um papel fundamental na síntese de importantes fatores de coagulação, contribuindo para a prevenção de hemorragias.

O estômago é um órgão muscular vital no sistema digestório. Ele funciona como um reservatório temporário para o alimento, onde a digestão química se inicia. As paredes do estômago secretam ácido gástrico e enzimas que quebram os alimentos, auxiliando na digestão. Esse processo não só transforma o alimento em uma forma mais digerível, mas também mata bactérias e outros patógenos ingeridos. Assim, o estômago desempenha um papel crucial na absorção de nutrientes e na manutenção da saúde geral do corpo.

ESTÔMAGO (ABERTO)

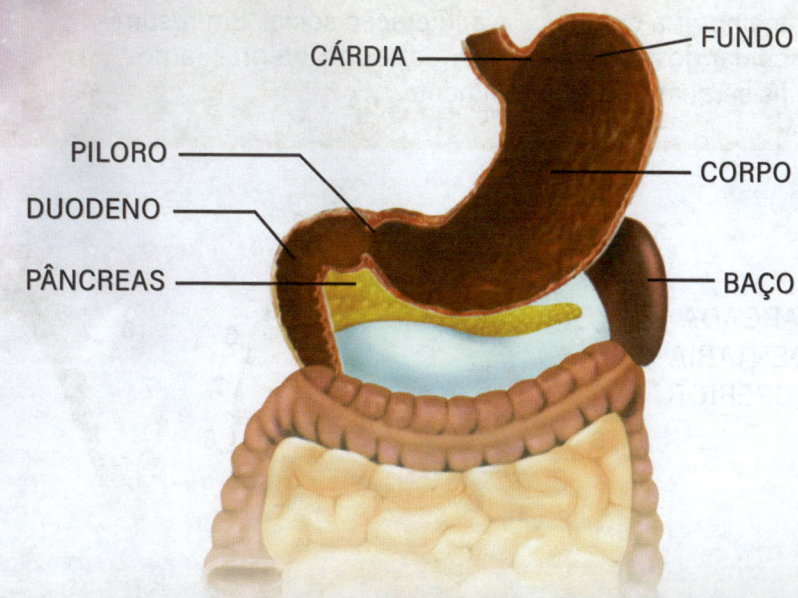

CÁRDIA
FUNDO
PILORO
DUODENO
PÂNCREAS
CORPO
BAÇO

SISTEMA DIGESTÓRIO

DENTES

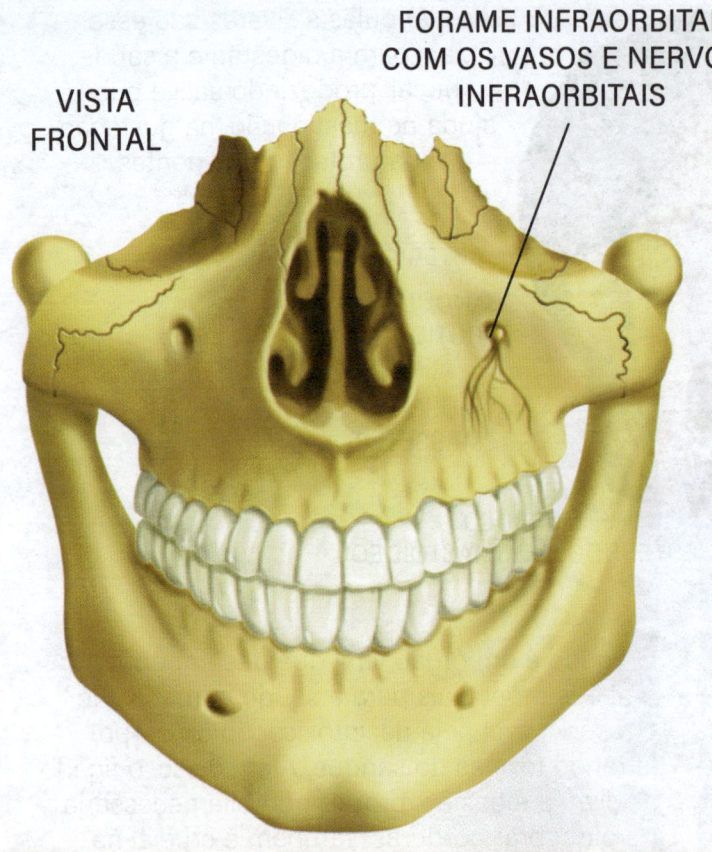

VISTA FRONTAL
FORAME INFRAORBITAL COM OS VASOS E NERVOS INFRAORBITAIS

Os dentes são componentes essenciais da anatomia humana, desempenhando um papel crucial na saúde e no bem-estar geral. Eles são fundamentais para a mastigação eficiente, permitindo a trituração dos alimentos, o que é vital para a digestão adequada e a absorção de nutrientes. Além disso, os dentes são importantes para a fala clara, ajudando na pronúncia correta das palavras.

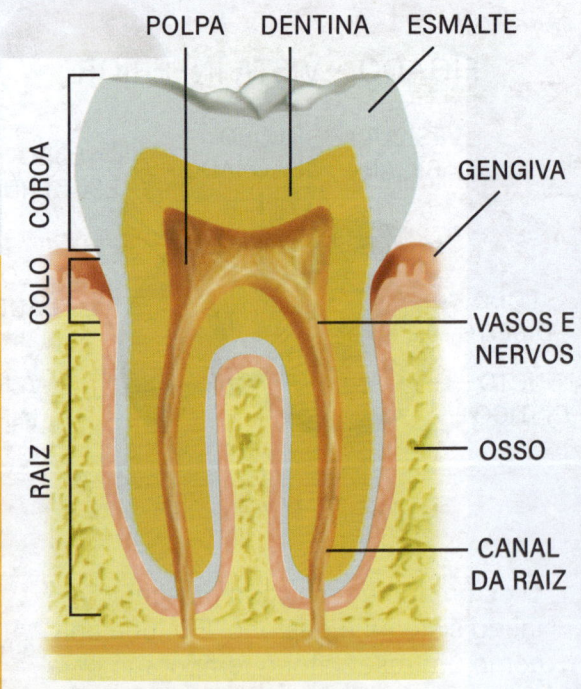

CORTE TRANSVERSAL DE UM DENTE

POLPA
DENTINA
ESMALTE
GENGIVA
VASOS E NERVOS
OSSO
CANAL DA RAIZ
COROA
COLO
RAIZ

A saúde dentária reflete diretamente na saúde geral do corpo. Problemas dentários, como cáries e doenças gengivais, podem levar a complicações mais sérias, incluindo infecções e doenças cardíacas. Portanto, a higiene oral, como escovação regular e visitas ao dentista, é essencial para manter os dentes saudáveis. Esteticamente, os dentes têm um papel significativo na aparência e na autoestima. Um sorriso bonito pode melhorar a confiança e a interação social. Em resumo, cuidar dos dentes é cuidar da saúde integral, tanto física quanto emocionalmente.

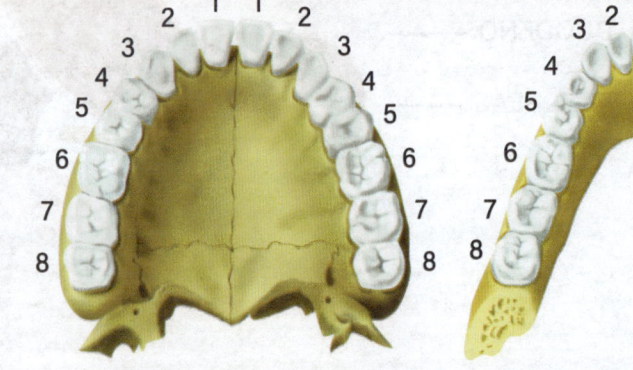

ARCADA DENTÁRIA SUPERIOR

1 1
2 2
3 3
4 4
5 5
6 6
7 7
8 8

1 1
2 2
3 3
4 4
5 5
6 6
7 7
8 8

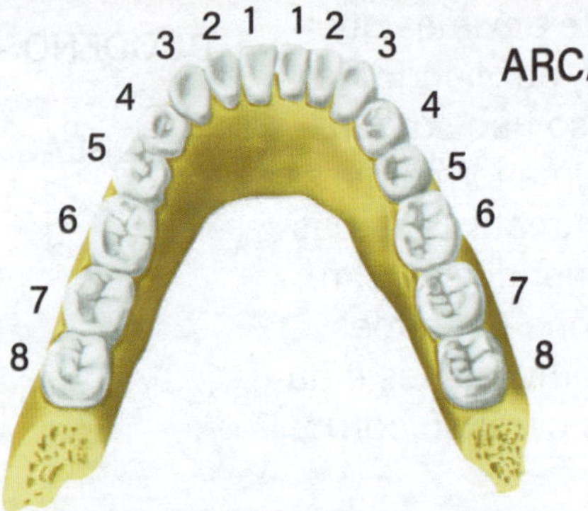

ARCADA DENTÁRIA INFERIOR

LEGENDA

1 e 2: incisivos
3: canino
4 e 5: pré-molares
6, 7, 8: molares

SISTEMA URINÁRIO
ESQUEMA GERAL

O sistema urinário, composto por rins, ureteres, bexiga e uretra, desempenha funções cruciais na filtração do sangue, removendo resíduos e excesso de líquidos para manter o equilíbrio de fluidos e eletrólitos no corpo. A urina produzida pelos rins é transportada pelos ureteres até a bexiga, sendo posteriormente excretada através da uretra, ajudando também na regulação da pressão arterial e no equilíbrio ácido-base do organismo.

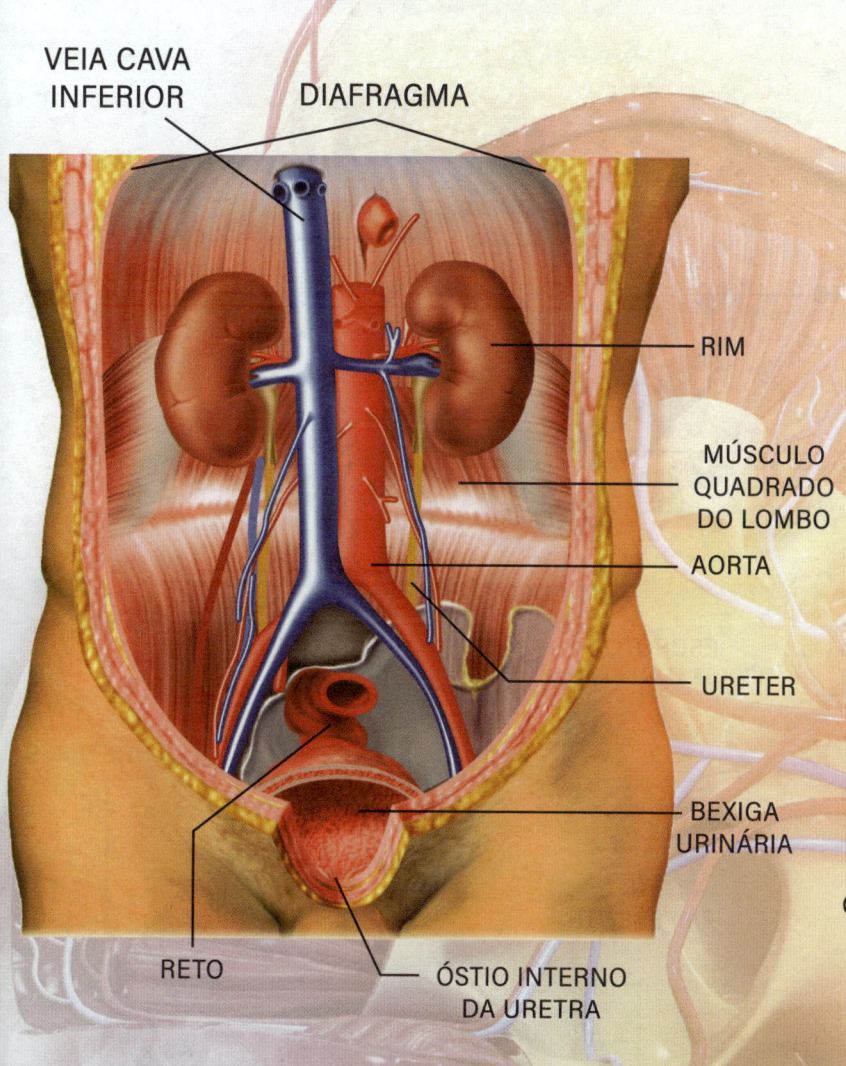

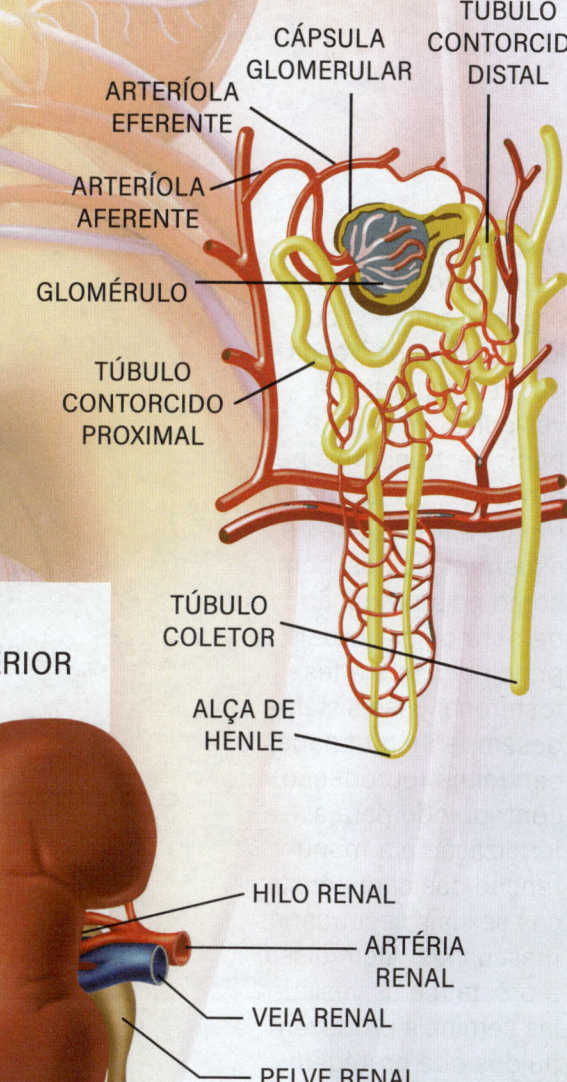

SISTEMA GENITAL
MASCULINO

ESPERMATOZOIDE

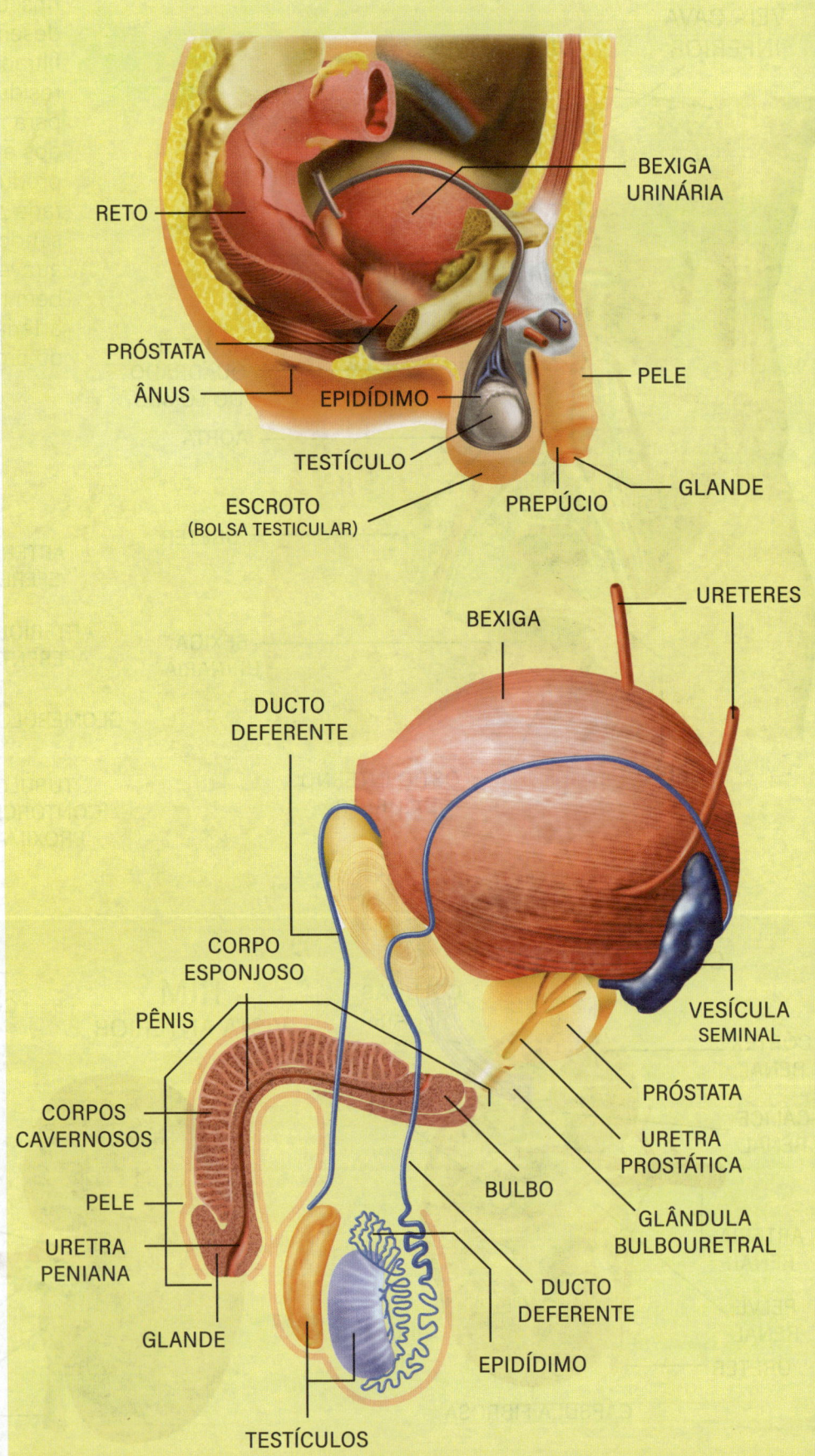

O sistema genital masculino é composto por órgãos como testículos, epidídimos, vasos deferentes, próstata, vesículas seminais e pênis, responsáveis pela produção, armazenamento e transporte de espermatozoides, bem como pela produção de hormônios sexuais, principalmente a testosterona. Esse sistema desempenha um papel central na reprodução, contribuindo para a fertilização e a manutenção das características sexuais secundárias masculinas. Além disso, a próstata e as vesículas seminais produzem fluidos que protegem e nutrem os espermatozoides, formando o sêmen.

SISTEMA GENITAL
FEMININO

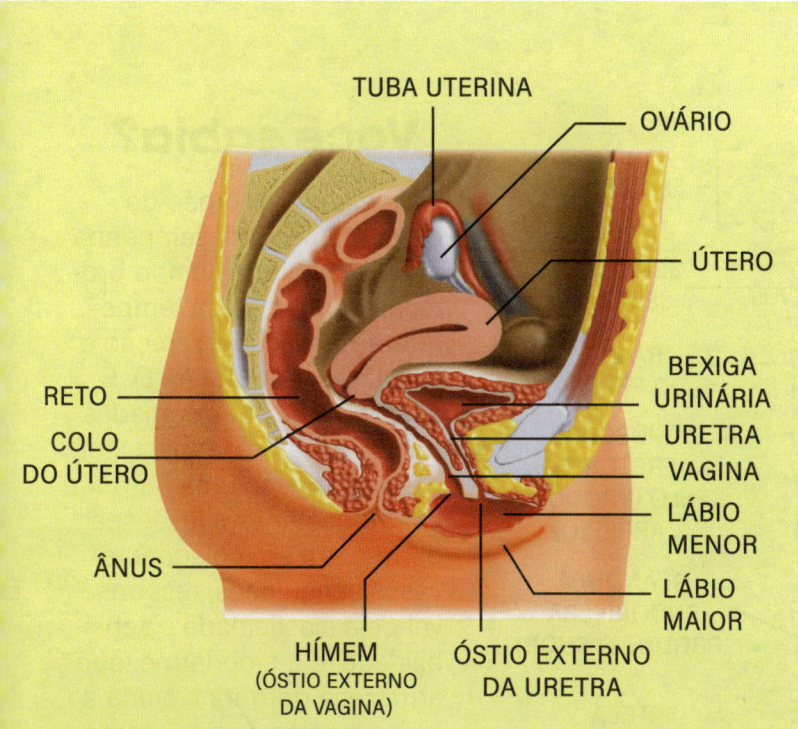

O sistema genital feminino desempenha um papel crucial na reprodução e na saúde hormonal, consistindo em órgãos internos e externos. Internamente, inclui os ovários, que produzem óvulos e hormônios como estrogênio e progesterona; as tubas uterinas, onde ocorre a fecundação; o útero, local de desenvolvimento do embrião; e a vagina, canal que conecta o útero ao exterior. Externamente, a vulva protege as aberturas da vagina e da uretra. Esse sistema é essencial para a reprodução, pois nele ocorrem o ciclo menstrual e a gravidez, desempenhando um papel fundamental na saúde sexual e reprodutiva da mulher.

ESTRUTURAS EXTERNAS

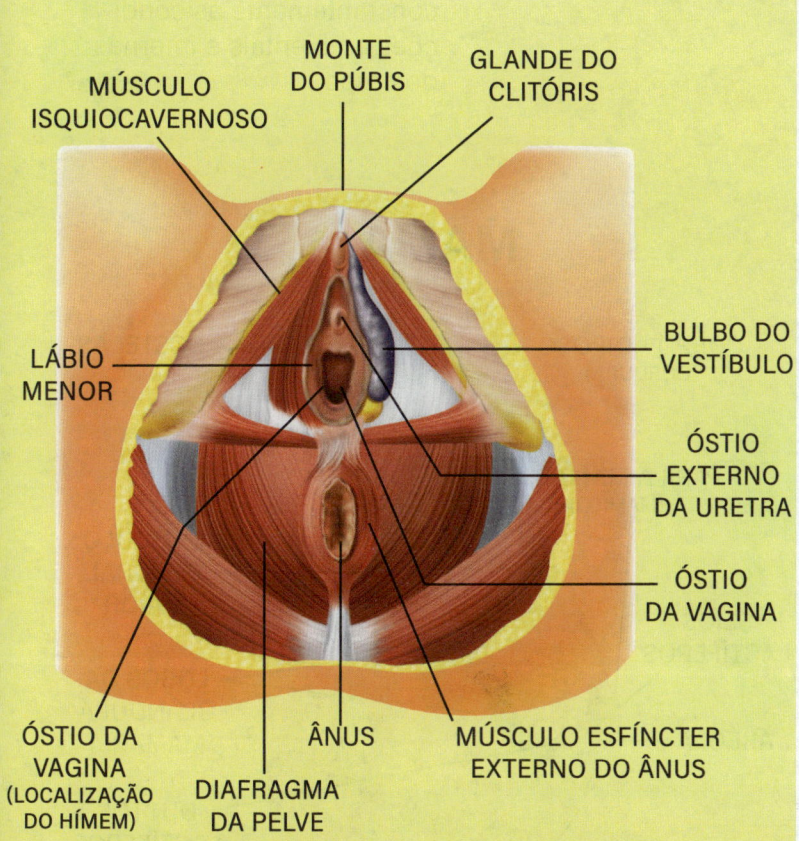

ESTRUTURAS INTERNAS

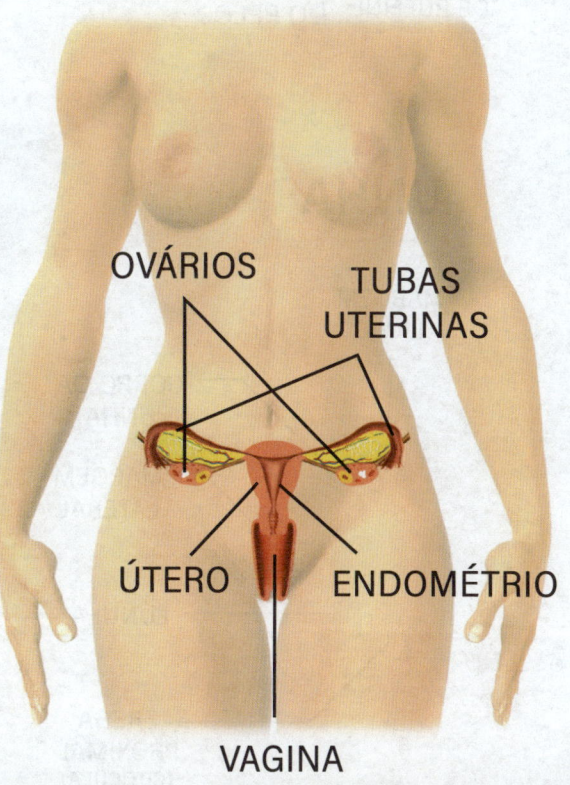

PELE E ANEXOS

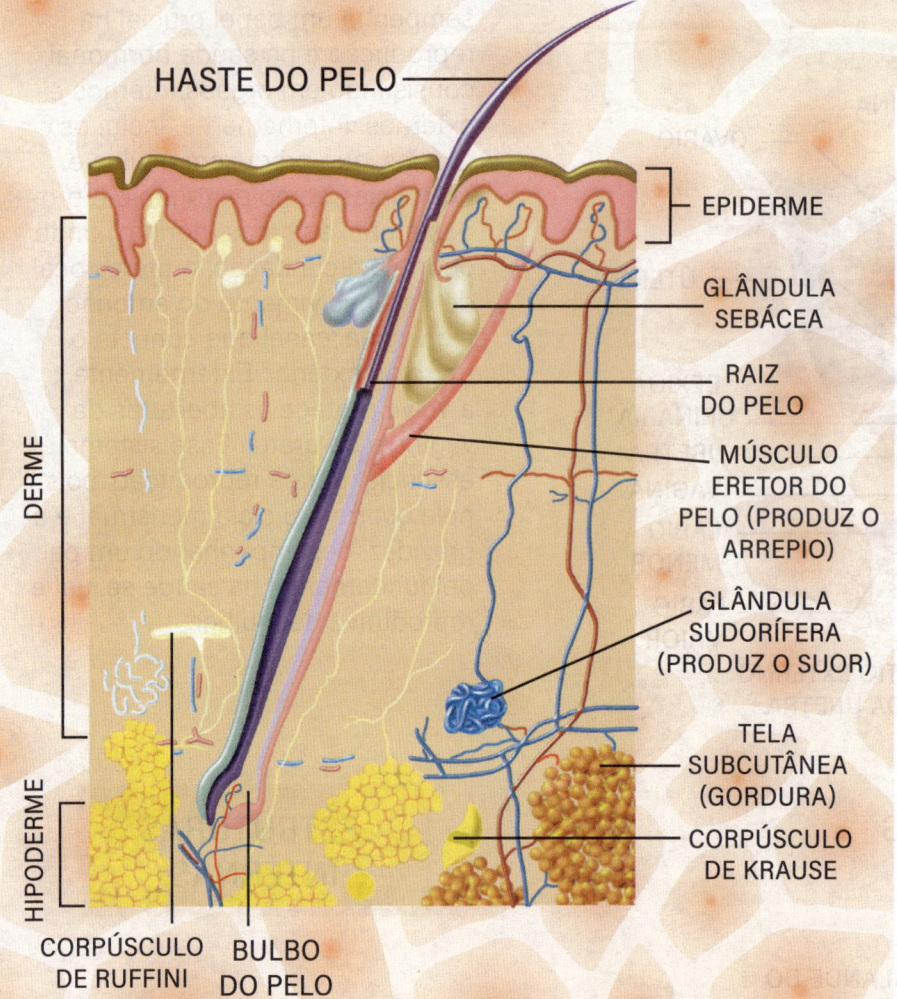

Você sabia?

A pele, o maior órgão do corpo humano, desempenha funções vitais, incluindo proteção, regulação da temperatura, sensação, excreção e produção de vitamina D. É composta por três camadas principais: a epiderme, externa, que fornece uma barreira contra bactérias e lesões; a derme, rica em colágeno e vasos sanguíneos, responsável pela elasticidade e sensibilidade; e a hipoderme, que armazena gordura e ajuda a isolar termicamente o corpo. A pele também desempenha um papel crucial no sistema imunológico e na comunicação sensorial, adaptando-se constantemente às condições ambientais e internas do corpo.

UNHA · MAMA

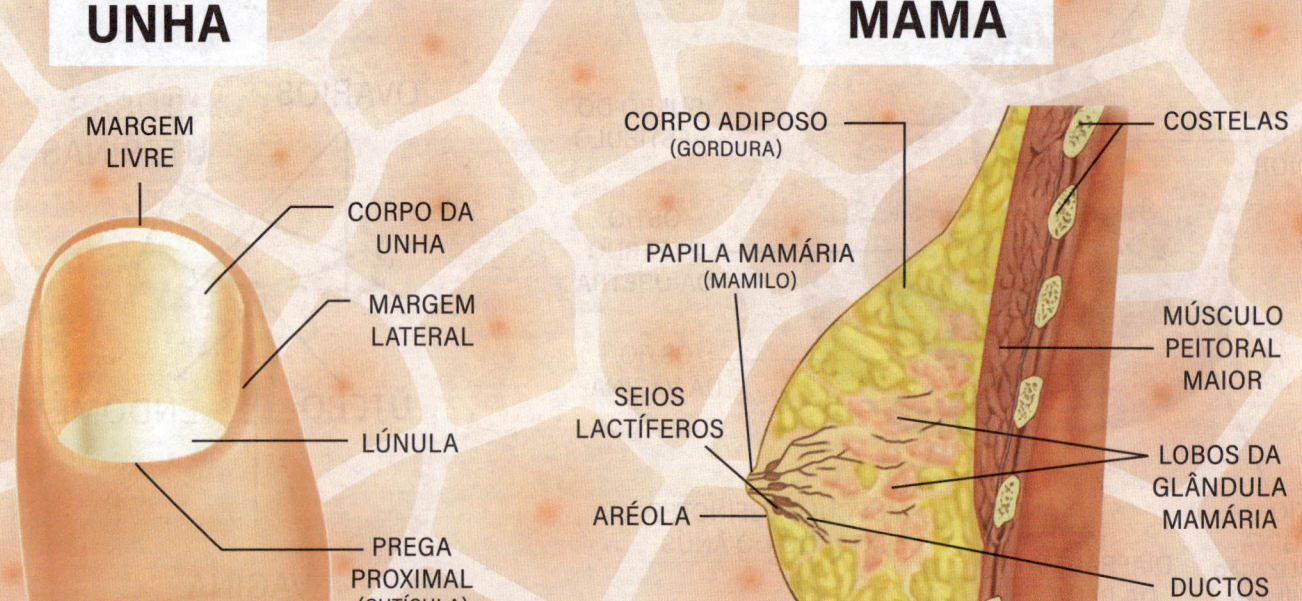

SISTEMA ENDÓCRINO

O sistema endócrino é composto por glândulas que desempenham funções essenciais na regulação de processos biológicos. A hipófise, localizada na base interna do crânio, é conhecida como a "glândula mestra", controlando outras glândulas e influenciando o crescimento, o metabolismo e a reprodução. A tireoide, no pescoço, regula o metabolismo e o desenvolvimento através de hormônios como T4 e T3. As paratireoides, situadas atrás da tireoide, são essenciais para o equilíbrio de cálcio e fósforo no corpo. As glândulas suprarrenais, acima dos rins, produzem hormônios que ajudam na resposta ao estresse e na regulação do metabolismo e da pressão sanguínea. O pâncreas, com suas funções endócrina e digestiva, é crucial na regulação dos níveis de glicose no sangue.

Você sabia?
A hipófise tem aproximadamente o tamanho de uma ervilha.

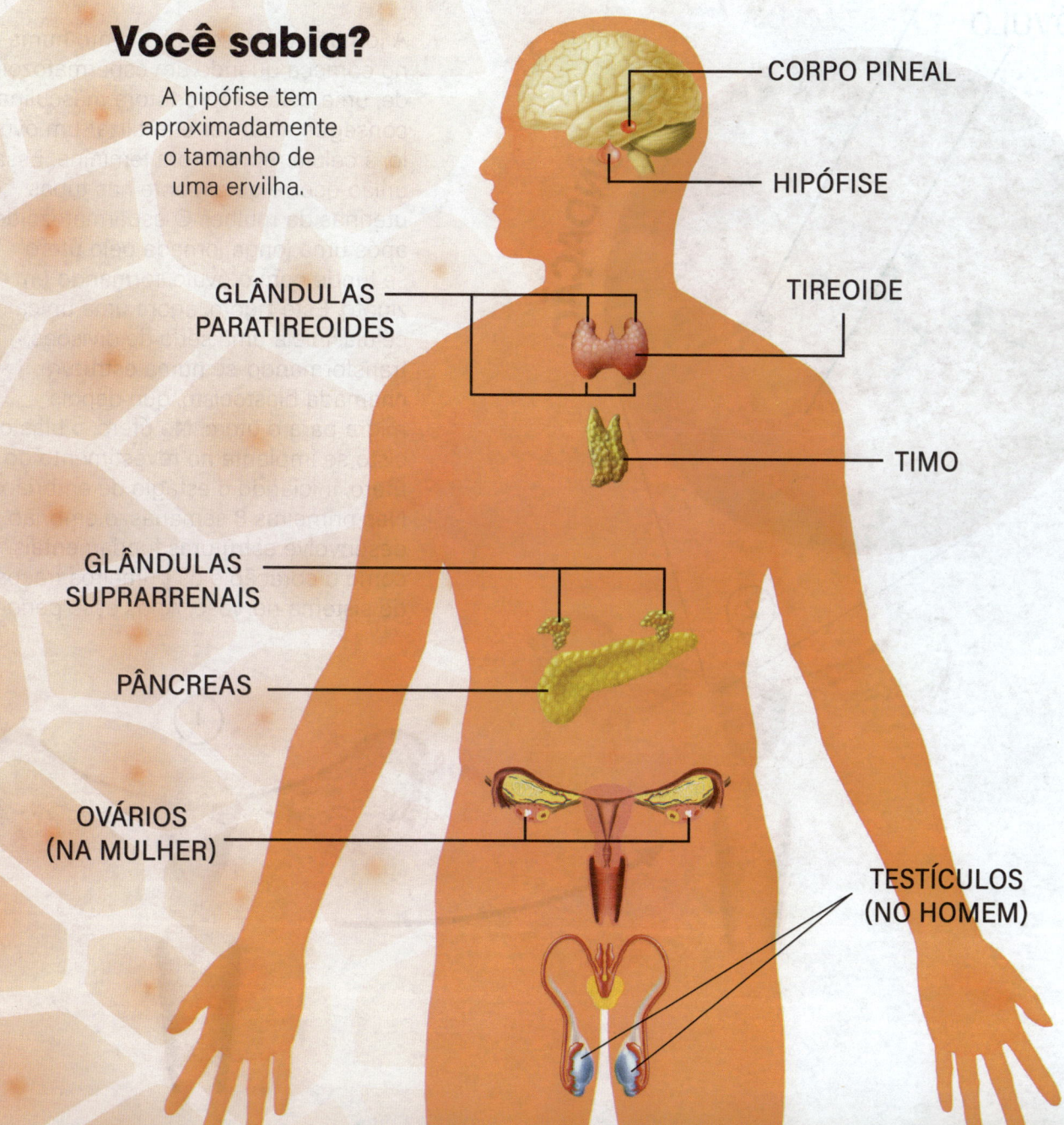

GESTAÇÃO

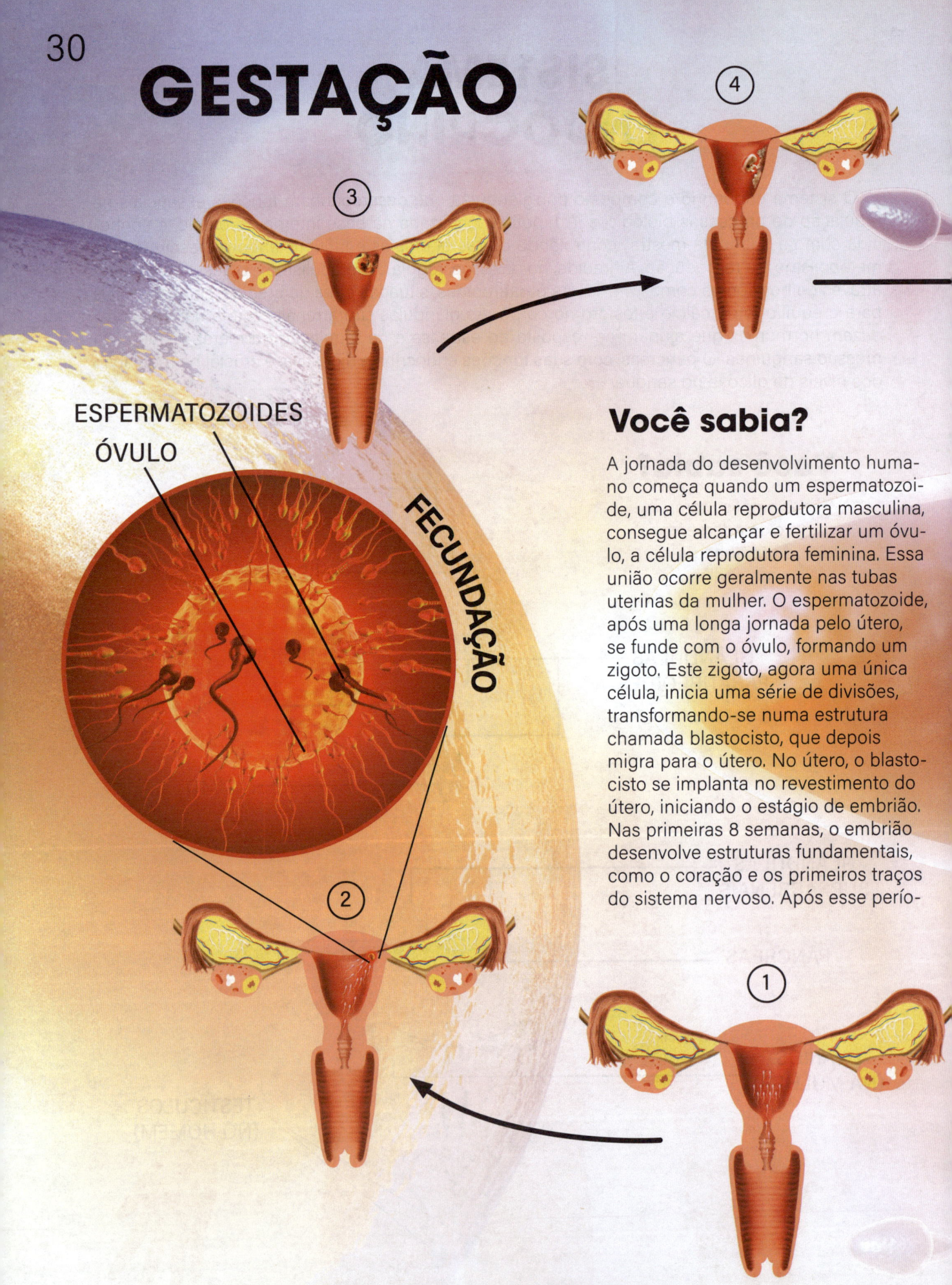

ESPERMATOZOIDES
ÓVULO
FECUNDAÇÃO

Você sabia?

A jornada do desenvolvimento humano começa quando um espermatozoide, uma célula reprodutora masculina, consegue alcançar e fertilizar um óvulo, a célula reprodutora feminina. Essa união ocorre geralmente nas tubas uterinas da mulher. O espermatozoide, após uma longa jornada pelo útero, se funde com o óvulo, formando um zigoto. Este zigoto, agora uma única célula, inicia uma série de divisões, transformando-se numa estrutura chamada blastocisto, que depois migra para o útero. No útero, o blastocisto se implanta no revestimento do útero, iniciando o estágio de embrião. Nas primeiras 8 semanas, o embrião desenvolve estruturas fundamentais, como o coração e os primeiros traços do sistema nervoso. Após esse perío-

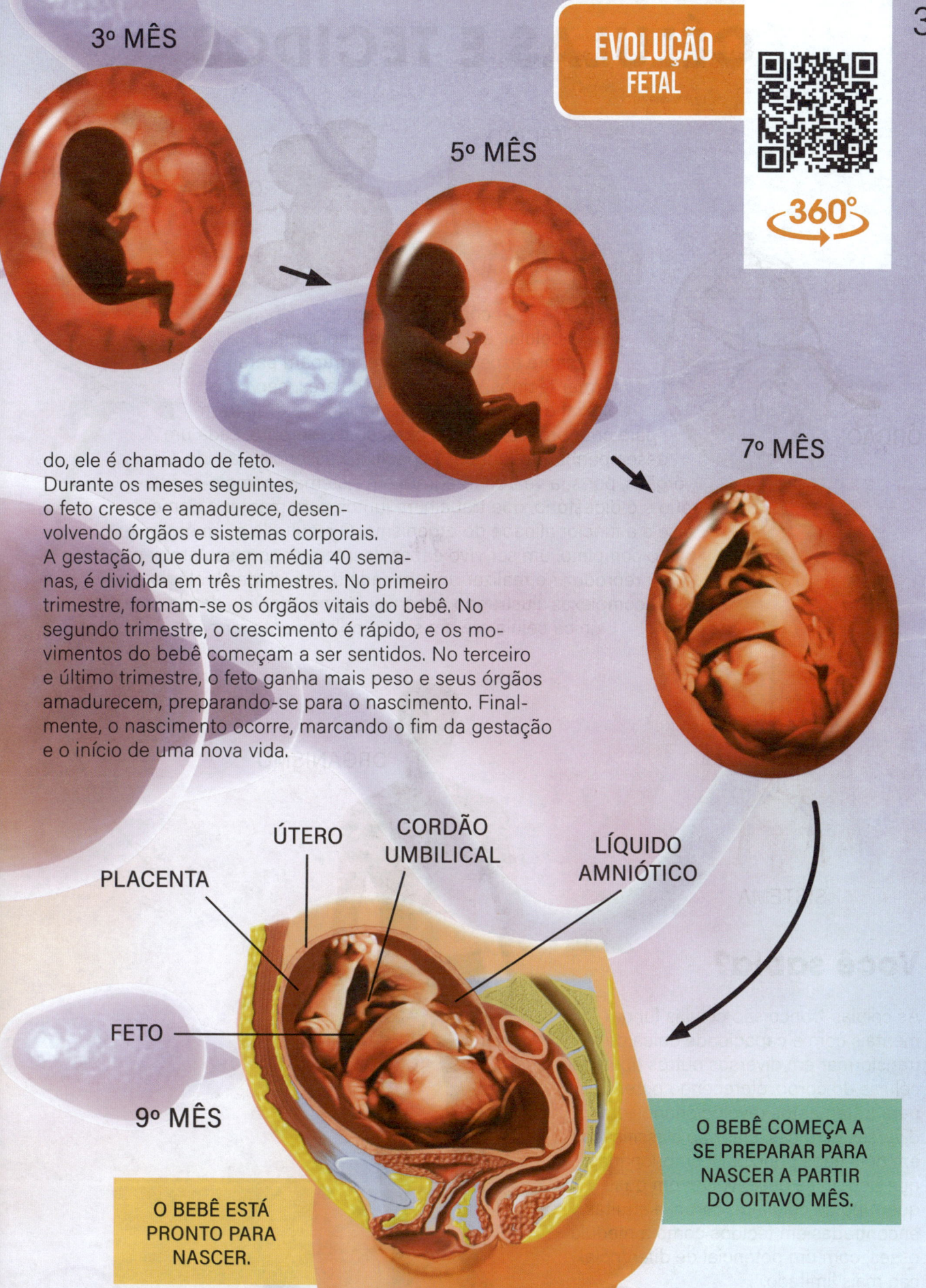

EVOLUÇÃO FETAL

3º MÊS

5º MÊS

7º MÊS

do, ele é chamado de feto. Durante os meses seguintes, o feto cresce e amadurece, desenvolvendo órgãos e sistemas corporais. A gestação, que dura em média 40 semanas, é dividida em três trimestres. No primeiro trimestre, formam-se os órgãos vitais do bebê. No segundo trimestre, o crescimento é rápido, e os movimentos do bebê começam a ser sentidos. No terceiro e último trimestre, o feto ganha mais peso e seus órgãos amadurecem, preparando-se para o nascimento. Finalmente, o nascimento ocorre, marcando o fim da gestação e o início de uma nova vida.

PLACENTA — ÚTERO — CORDÃO UMBILICAL — LÍQUIDO AMNIÓTICO — FETO

9º MÊS

O BEBÊ ESTÁ PRONTO PARA NASCER.

O BEBÊ COMEÇA A SE PREPARAR PARA NASCER A PARTIR DO OITAVO MÊS.

CÉLULAS E TECIDOS

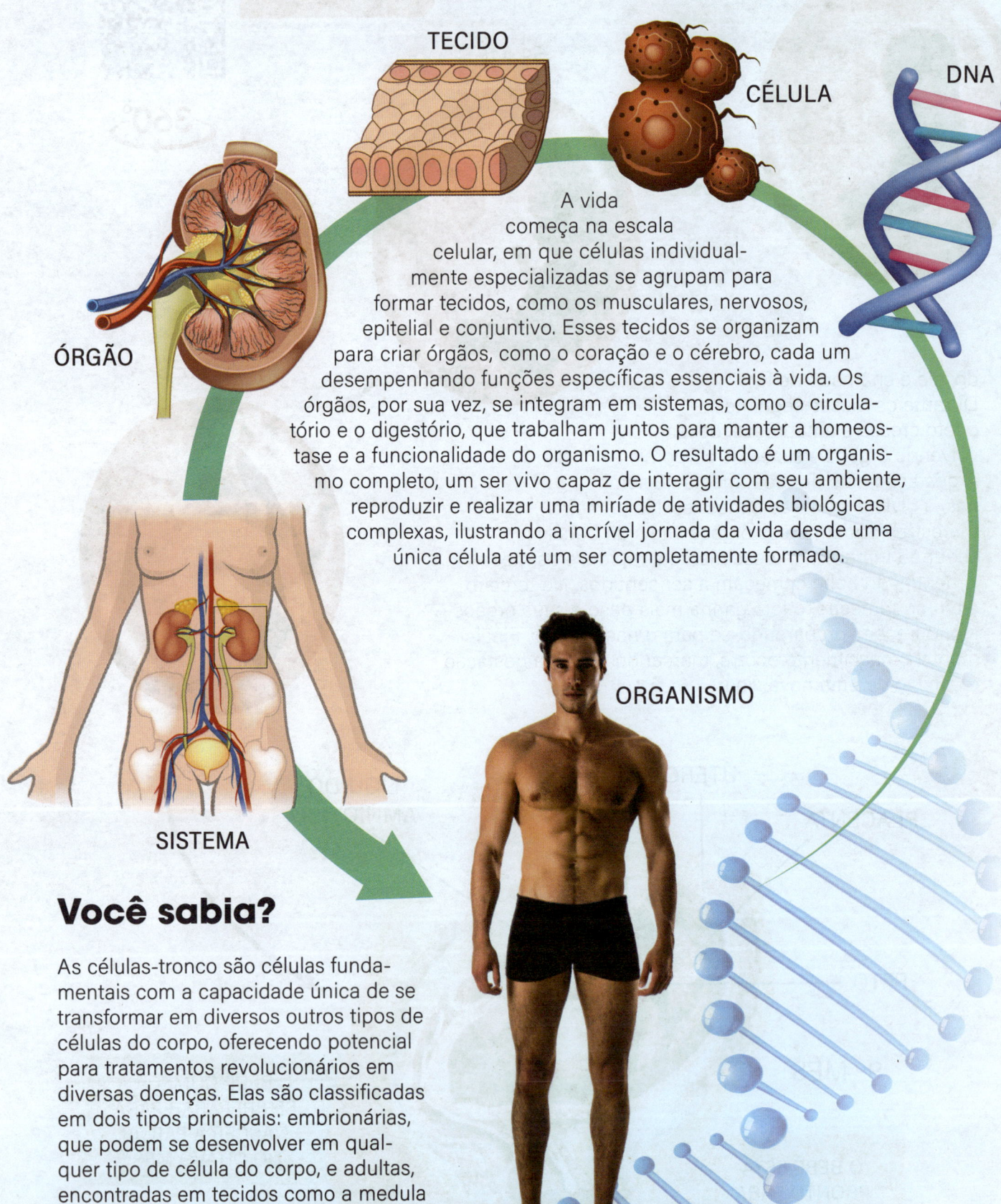

TECIDO

CÉLULA

DNA

ÓRGÃO

A vida começa na escala celular, em que células individualmente especializadas se agrupam para formar tecidos, como os musculares, nervosos, epitelial e conjuntivo. Esses tecidos se organizam para criar órgãos, como o coração e o cérebro, cada um desempenhando funções específicas essenciais à vida. Os órgãos, por sua vez, se integram em sistemas, como o circulatório e o digestório, que trabalham juntos para manter a homeostase e a funcionalidade do organismo. O resultado é um organismo completo, um ser vivo capaz de interagir com seu ambiente, reproduzir e realizar uma miríade de atividades biológicas complexas, ilustrando a incrível jornada da vida desde uma única célula até um ser completamente formado.

SISTEMA

ORGANISMO

Você sabia?

As células-tronco são células fundamentais com a capacidade única de se transformar em diversos outros tipos de células do corpo, oferecendo potencial para tratamentos revolucionários em diversas doenças. Elas são classificadas em dois tipos principais: embrionárias, que podem se desenvolver em qualquer tipo de célula do corpo, e adultas, encontradas em tecidos como a medula óssea, com um potencial de diferenciação mais limitado.